21世纪高等院校移动开发人才培养规划教材
21Shiji Gaodeng Yuanxiao Yidong Kaifa Rencai Peiyang Guihua Jiaocai

Android App Inventor 项目开发教程

蔡艳桃 主编　万木君 周慧珺 伍丹 副主编

Android App Inventor
Tutorial

人民邮电出版社
北京

图书在版编目（CIP）数据

Android App Inventor项目开发教程 / 蔡艳桃主编
. -- 北京：人民邮电出版社，2014.9（2019.7重印）
21世纪高等院校移动开发人才培养规划教材
ISBN 978-7-115-35830-1

Ⅰ. ①A… Ⅱ. ①蔡… Ⅲ. ①移动终端－应用程序－程序设计－高等学校－教材 Ⅳ. ①TN929.53

中国版本图书馆CIP数据核字(2014)第120455号

内 容 提 要

本书内容共分为 3 篇，第一篇为基础篇，主要介绍与移动互联网相关的基础知识、App Inventor 简介与基本操作，此篇为后续项目开发篇和强化实训作铺垫；第二篇为项目开发篇，精选 20 个与生活贴近的项目，每个项目之间涉及的知识点不尽相同，有助于学生在学中做、做中学；第三篇为强化实训篇，选取 10 个有趣的实用项目，帮助读者提高手机应用开发能力，拓展读者二次开发能力，培养读者创新能力。

本书对简单易懂、实用有趣的项目进行讲解，每篇之间是递进关系，基础篇为后续两篇夯实基础，项目开发篇为强化实训篇作好准备。每篇的各项目之间是平行关系，几乎将 App Inventor 所有知识点分散到各个项目中，各个项目相对独立。每个项目又按一个项目的开发流程编排内容，包括"项目需求—项目素材—项目界面设计—项目功能实现—项目运行—拓展与提高"，有助读者理解项目开发流程，培养读者开发和拓展的能力。全书由浅入深、实例实用、易学易用，可以帮助读者快速入门。

本书可作为各类院校的移动应用开发教材，也可作为个人自学之用，还可以作为软件开发人员的参考用书。

◆ 主　编　蔡艳桃
　　副 主 编　万木君　周慧珺　伍　丹
　　责任编辑　王　威
　　责任印制　杨林杰

◆ 人民邮电出版社出版发行　北京市丰台区成寿寺路 11 号
　　邮编　100164　电子邮件　315@ptpress.com.cn
　　网址　http://www.ptpress.com.cn
　　北京七彩京通数码快印有限公司印刷

◆ 开本：787×1092　1/16
　　印张：19　　　　　　　　　　2014 年 9 月第 1 版
　　字数：486 千字　　　　　　　2019 年 7 月北京第 5 次印刷

定价：49.80 元（附光盘）

读者服务热线：(010)81055256　印装质量热线：(010)81055316
反盗版热线：(010)81055315
广告经营许可证：京东工商广登字20170147号

前　言

随着以智能手机为主的移动设备的快速普及、网络技术的不断进步和应用软件的广泛流传，移动互联网迅速崛起，深深地影响了现代人的工作、生活和社交方式。其中以 Google 为主导推出的 Android 平台发展最为迅猛。为顺应移动互联网技术潮流的发展，全国各地企业机构纷纷开设培训班、职业院校开设相关专业，以期培养出能够弥补技术缺口的人才。然而移动互联网作为一种新生技术，其所带来的挑战给想快速入门而又欠缺编程基础的学习者带来了一定的障碍。APP Inventor 很好地解决了这个问题。

App Inventor 是由 Google 实验室所设计，2012 年移交麻省理工学院（MIT）行动学习中心维护，用于开发基于 Android 的应用程序。主要面向没有程序设计基础、想快速学会移动应用程序设计，以及想迅速开发出 APP 的初学者。App Inventor 最大的特点是不需要编写代码，开发程序就如拼图、堆积木般简单，能够帮助读者快速完成专属的、能够运行在模拟器、Android 手机或平板电脑、甚至用于获取盈利的 Google Play 商店上的 APP。App Inventor 易学、易用、有助于锻炼逻辑思维，是帮助移动开发入门的好工具。

为了帮助开设移动互联网相关专业院校的教师能够比较全面系统地讲授此门课程，帮助对移动互联网应用开发有兴趣的初学者快速入门，我们几位在院校从事移动互联网相关课程教学的教师共同编写了这本名为《Android App Inventor 项目开发教程》的教材。

本书在内容选材和组织安排上进行了精心的设计，按照"基础篇—项目开发篇—强化实训篇"这一思路进行编排，力求帮助读者由浅入深、循序渐进地进行学习。考虑到本课程是一门实践性极强的课程，本书没有按照传统的章节或知识点来编排内容，而是从实际项目开发出发，设计了 30 个项目，将 App Inventor 几乎所有知识点融入到项目中。每个项目按照"项目需求—项目素材—项目界面设计—项目功能实现—项目运行—拓展与提高"进行编排，有助于帮助学生理解项目开发的流程，培养学生的应用开发能力和拓展能力。为帮助读者开发本书项目或为读者开发专属项目时提供参考，随书光盘和人民邮电出版社教学服务与资源网（www.ptpedu.com.cn）中都提供了关于 APP Inventor 所有元件属性、方法、事件的具体含义及指令说明等电子资源。

本书选取的项目难度适中、生动有趣、与生活贴近，有助于激发读者兴趣；软件工具操作容易，着重界面和逻辑设计，为准备进行手机开发的读者提供一条捷径。本书配备了软件工具、项目源代码等丰富的教学资源，任课教师或读者可到人民邮电出版社教学服务与资源网免费下载使用。各项目的参考学时参见下面的学时分配表。

学时分配表

篇章	课程内容	学时分配	
		讲授	实训
基础篇	移动互联网简介 App Inventor开发Android应用 App Inventor开发基础操作	2	

续表

篇章	课程内容	学时分配	
		讲授	实训
项目开发篇	1. Hello World 2. 计算器 3. 平均值 4. 单位转换器 5. BMI健康指数 6. 短信接收和发送 7. 通讯录应用 8. 语言学习机 9. 音乐播放器 10. 变换背景颜色 11. 我的时钟 12. 计时器 13. 钢琴家 14. 涂鸦板 15. 拍录机 16. 健康计步器 17. 快速定位 18. 指南针 19. 记事本 20. 天气预报		40
强化实训篇	1. 数字竞猜 2. 扑克牌 3. 比比骰子 4. 青春战痘 5. 打地鼠 6. 移动滑板 7. 飞机射击 8. 小猫捉鼠 9. 九宫格拼图 10. 记忆力大考验		20
	课时总计	2	60

本书由中山火炬职业技术学院蔡艳桃担任主编,万木君、周慧珺、伍丹任副主编。

由于移动互联网技术的日新月异,加之我们的水平有限,书中难免存在错误和不妥之处,敬请广大读者批评指正。

编者

2014 年 6 月

目 录 CONTENTS

基础篇 1

1. 移动互联网简介 ... 1
   - （1）什么是移动互联网 ... 1
   - （2）移动互联网的发展历程及趋势 ... 2
   - （3）流行的手机操作平台 ... 3
   - （4）移动互联网 APP ... 3
2. App Inventor 开发 Android 应用 ... 4
   - （1）App Inventor 简介 ... 4
   - （2）App Inventor 特点 ... 4
   - （3）App Inventor 环境搭建要求 ... 4
   - （4）App Inventor 环境搭建流程 ... 4
   - （5）App Inventor 三大作业模块 ... 7
3. App Inventor 开发基础操作 ... 10
   - （1）项目基本操作 ... 10
   - （2）项目运行 ... 13
   - （3）项目打包 ... 14

项目开发篇 16

1. Hello World ... 16
   - （1）项目需求 ... 16
   - （2）项目素材 ... 16
   - （3）项目界面设计 ... 16
   - （4）项目功能实现 ... 21
   - （5）项目运行 ... 24
   - （6）拓展与提高 ... 24
2. 计算器 ... 25
   - （1）项目需求 ... 25
   - （2）项目素材 ... 26
   - （3）项目界面设计 ... 26
   - （4）项目功能实现 ... 27
   - （5）项目运行 ... 35
   - （6）拓展与提高 ... 35
3. 平均值 ... 36
   - （1）项目需求 ... 36
   - （2）项目素材 ... 37
   - （3）项目界面设计 ... 37
   - （4）项目功能实现 ... 38
   - （5）项目运行 ... 46
   - （6）拓展与提高 ... 46
4. 单位转换器 ... 46
   - （1）项目需求 ... 46
   - （2）项目素材 ... 47
   - （3）项目界面设计 ... 47
   - （4）项目功能实现 ... 48
   - （5）项目运行 ... 56
   - （6）拓展与提高 ... 56
5. BMI 健康指数 ... 57
   - （1）项目需求 ... 57
   - （2）项目素材 ... 58
   - （3）项目界面设计 ... 58
   - （4）项目功能实现 ... 60
   - （5）项目运行 ... 64
   - （6）拓展与提高 ... 65
6. 短信接收和发送 ... 65
   - （1）项目需求 ... 65
   - （2）项目素材 ... 65
   - （3）项目界面设计 ... 65
   - （4）项目功能实现 ... 66
   - （5）项目运行 ... 70
   - （6）拓展与提高 ... 70

7. 通讯录应用	71
（1）项目需求	71
（2）项目素材	71
（3）项目界面设计	71
（4）项目功能实现	73
（5）项目运行	75
（6）拓展与提高	75
8. 语言学习机	75
（1）项目需求	75
（2）项目素材	76
（3）项目界面设计	76
（4）项目功能实现	77
（5）项目运行	80
（6）拓展与提高	80
9. 音乐播放器	80
（1）项目需求	80
（2）项目素材	81
（3）项目界面设计	81
（4）项目功能实现	82
（5）项目运行	87
（6）拓展与提高	87
10. 变换背景颜色	87
（1）项目需求	87
（2）项目素材	88
（3）项目界面设计	88
（4）项目功能实现	90
（5）项目运行	96
（6）拓展与提高	96
11. 我的时钟	96
（1）项目需求	96
（2）项目素材	96
（3）项目界面设计	96
（4）项目功能实现	97
（5）项目运行	101
（6）拓展与提高	101
12. 计时器	102
（1）项目需求	102
（2）项目素材	102
（3）项目界面设计	102
（4）项目功能实现	104
（5）项目运行	110
（6）拓展与提高	110
13. 钢琴家	110
（1）项目需求	110
（2）项目素材	111
（3）项目界面设计	111
（4）项目功能实现	113
（5）项目运行	117
（6）拓展与提高	117
14. 涂鸦板	117
（1）项目需求	117
（2）项目素材	118
（3）项目界面设计	118
（4）项目功能实现	120
（5）项目运行	129
（6）拓展与提高	129
15. 拍录机	129
（1）项目需求	129
（2）项目素材	130
（3）项目界面设计	130
（4）项目功能实现	132
（5）项目运行	135
（6）拓展与提高	135
16. 健康计步器	135
（1）项目需求	135
（2）项目素材	136
（3）项目界面设计	137
（4）项目功能实现	138
（5）项目运行	142
（6）拓展与提高	142
17. 快速定位	142
（1）项目需求	142

（2）项目素材	143
（3）项目界面设计	143
（4）项目功能实现	144
（5）项目运行	147
（6）拓展与提高	147
18. 指南针	**147**
（1）项目需求	147
（2）项目素材	148
（3）项目界面设计	148
（4）项目功能实现	149
（5）项目运行	151
（6）拓展与提高	151
19. 记事本	**151**
（1）项目需求	151
（2）项目素材	152
（3）项目界面设计	152
（4）项目功能实现	153
（5）项目运行	167
（6）拓展与提高	167
20. 天气预报	**167**
（1）项目需求	167
（2）项目素材	167
（3）项目界面设计	167
（4）项目功能实现	169
（5）项目运行	176
（6）拓展与提高	176

强化实训篇　177

1. 数字竞猜	**177**
（1）项目需求	177
（2）项目素材	178
（3）项目界面设计	178
（4）项目功能实现	180
（5）项目运行	186
（6）拓展与提高	187
2. 扑克牌	**187**
（1）项目需求	187
（2）项目素材	188
（3）项目界面设计	188
（4）项目功能实现	189
（5）项目运行	200
（6）拓展与提高	200
3. 比比骰子	**201**
（1）项目需求	201
（2）项目素材	201
（3）项目界面设计	202
（4）项目功能实现	204
（5）项目运行	210
（6）拓展与提高	210
4. 青春战痘	**210**
（1）项目需求	210
（2）项目素材	211
（3）项目界面设计	211
（4）项目功能实现	212
（5）项目运行	217
（6）拓展与提高	217
5. 打地鼠	**218**
（1）项目需求	218
（2）项目素材	218
（3）项目界面设计	218
（4）项目功能实现	220
（5）项目运行	224
（6）拓展与提高	225
6. 移动滑板	**225**
（1）项目需求	225
（2）项目素材	226
（3）项目界面设计	226
（4）项目功能实现	228
（5）项目运行	239
（6）拓展与提高	239
7. 飞机射击	**239**
（1）项目需求	239

（2）项目素材 240
　　（3）项目界面设计 240
　　（4）项目功能实现 241
　　（5）项目运行 249
　　（6）拓展与提高 250
8. 小猫捉鼠 250
　　（1）项目需求 250
　　（2）项目素材 250
　　（3）项目界面设计 251
　　（4）项目功能实现 252
　　（5）项目运行 258
　　（6）拓展与提高 258
9. 九宫格拼图 259

　　（1）项目需求 259
　　（2）项目素材 260
　　（3）项目界面设计 260
　　（4）项目功能实现 261
　　（5）项目运行 274
　　（6）拓展与提高 274
10. 记忆力大考验 274
　　（1）项目需求 274
　　（2）项目素材 276
　　（3）项目界面设计 276
　　（4）项目功能实现 277
　　（5）项目运行 295
　　（6）拓展与提高 295

PART 1 基础篇

1. 移动互联网简介

（1）什么是移动互联网

当前，手机已经与现代人的生活、工作紧紧地结合在一起，与钥匙、钱包同等重要，是出门必带的个人用品之一。随着以智能手机为主的手持设备的快速普及、网络技术的不断进步、应用软件的广泛流传，移动互联网迅速崛起。

那么，什么是移动互联网呢？

一般地，移动互联网是指移动通信和互联网的结合。

具体地，移动互联网是一种通过智能移动终端，采用移动无线通信方式获取业务和服务的新兴业态，包含终端、软件和应用 3 个层面。其中，终端层包括智能手机、平板电脑、电子书、MID 等，软件包括操作系统、中间件、数据库和安全软件等，应用层包括休闲娱乐类、工具媒体类、商务财经类等不同应用与服务，如图 1-1-1 所示。

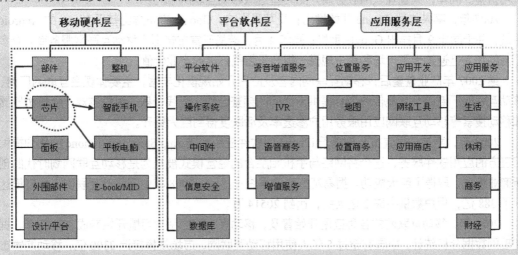

图 1-1-1

移动互联网的崛起带动了产业链的发展，移动互联网产业链中 4 类产业生态系统及功能如图 1-1-2 所示。

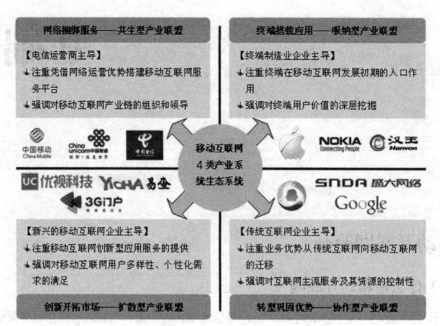

图 1-1-2

（2）移动互联网的发展历程及趋势

2000—2003 年，智能手机开始逐步增长，移动互联网开始萌芽。

2006 年，据中国领先商业信息平台易观智库数据统计，移动互联网的市场规模已从 2003 年的 29 亿增长至 69 亿，用户规模也增长了近 4 倍，达到 4483 万。数据表明移动互联网发展迅速，各大运营商和终端设备开发商看到这一发展趋势，开始增大力度加大监管力度，加快行业市场盘整。同年，大量互联网服务商开始转型进入移动互联网市场。

2007 年，苹果终端 iPhone 开始推出；受苹果影响，Google 宣布推出基于 Linux 的 Android 系统，并于同年 9 月推出 Google 手机；同年 4 月，诺基亚宣布转型为移动互联网服务商。众多厂商的加入迅速扩大了市场和用户规模，提升了智能终端的产业价值。

继 2007 年产业盘整后，移动互联网内容及应用开始规模化丰富，主要体现在互联网厂商、移动互联网厂商以及其他传统内容提供商之间的频繁合作。无线音乐、手机游戏、手机浏览器和移动搜索等移动互联网应用服务用户渗透率及活跃度得到巨大提升。

2008 年，苹果公司宣布开放基于 iPhone 的软件应用商店 App Store，向 iPhone 的用户提供第三方的应用软件服务，这个将网络与手机相融合的经营模式被认为是移动互联网划时代的创新商业模式，取得了巨大成功。据易观智库数据统计显示，2008 年中国移动互联网市场规模达到了 388 亿，用户数量突破 2 亿大关，达到 20514 万。

2011 年，移动互联网的各种应用开始普及，移动互联网的用户习惯开始养成。2012 年，据艾瑞网数据分析统计，中国有超过 5 亿人使用移动互联网，市场规模接近 2300 亿，移动购物市场交易规模达到 550.4 亿，第 4 季度最为突出，达到 210.9 亿。

2013 年开始，移动互联网呈现稳步发展，预计到 2016 年移动购物市场规模将超过移动增值业务。

用户个性化需求、硬件设备提升、网络技术进步、业务形式多样等都将推动移动互联网的不断发展，未来，移动互联网将向信息化、娱乐化、商务化等方面持续发展，其中，手机游戏、位置服务、移动搜索、移动社区、移动支付等将是移动互联网的发展趋势。

（3）流行的手机操作平台

目前流行应用的智能手机的操作系统主要有 Android、iOS、Windows Phone 等。本书选择 Android 手机操作系统，主要基于以下几方面的考虑。

- Android 智能手机价格优势，性价比高。
- Android 应用程序发展迅速。
- 智能手机厂家大力推行。
- 运营商的鼎力支持。
- 机型多，硬件配置优。
- 系统开源，利于创新。

（4）移动互联网 APP

本书中的 APP（application）是指运行在智能手机中的具有一定用途的应用程序。

APP 根据用途的不同，可以分成 11 类：社交应用、地图导航、网购支付、通话通信、生活消费、查询工具、拍摄美化、影音播放、图书阅读、浏览器、新闻资讯。常用的 Android App 应用见表 1-1-1。

表 1-1-1

APP 类别	应用图标（应用名称）	
社交应用	（微信）	（新浪微博）
地图导航	（谷歌地图）	（导航犬）
网购支付	（淘宝）	（支付宝）
通话通信	（QQ）	（飞信）
生活消费	（去哪儿旅行）	（58 同城）
查询工具	（墨迹天气）	（快拍二维码）
拍摄美化	（美图秀秀）	（快图浏览）
影音播放	（酷狗音乐）	（PPTV）
图书阅读	（多看阅读）	（懒人听书）
浏览器	（UC 浏览器）	（百度浏览器）
新闻资讯	（搜狐新闻）	（网易新闻）

2. App Inventor 开发 Android 应用

（1）App Inventor 简介

App Inventor 原是 Google 实验室（Google Lab）的一个子计划，由一群 Google 工程师与勇于挑战的 Google 使用者共同参与。Google App Inventor 是一个完全在线开发的 Android 编程环境，抛弃复杂的程序代码，使用积木式的堆叠法来完成 Android 程序。

App Inventor 是谷歌公司开发的一款手机编程软件，它是一个基于网页的开发环境，采用积木式搭建程序，即使是没有开发背景的人也能通过它轻松创建 Android 应用程序。

（2）App Inventor 特点

- 不需太多编程基础。使用 App Inventor 开发 Android 应用不需要太多编程基础，当然，有编程基础会更易理解和上手。
- 开发简单，积木式拼接程序。相对传统的 JDK+Eclipse+SDK 开发环境通过写代码来开发 Android 应用而言，App Inventor 无需编写代码，通过可视化的开发环境，让用户拖曳模块，像搭积木一样搭建程序。当积木模块成功搭配，会发出"咔嗒"的提示声音。
- 网络作业，云端开发。所有开发都在浏览器上完成，将资料存储在云服务器上，方便在任何地方进行设计。
- 语法错误少。使用 App Inventor 开发 Android 程序，很少出错，一般语法错误不超过两个。
- 调试容易。可以在模拟器或实体手机上进行程序调试，测试运行结果。
- 支持乐高机器人。可以使用 App Inventor 开发乐高机器人程序，控制机器人运动。
- 文件体积大。相同功能下，App Inventor 开发的 Android 程序比 Java 开发的大。
- 发布繁琐。发布 App Inventor 开发出来的程序到 Android Market 较复杂。

（3）App Inventor 环境搭建要求

操作系统要求如下。

- Macintosh：Mac OS X 10.5、10.6。
- Windows：Windows XP、Windows Vista、Windows 7、Windows 8。
- GNU/Linux：Ubuntu 8 或更高版本, Debian 5 或更高版本。

浏览器要求如下。

- Mozilla Firefox 3.6 或更高版本。
- Apple Safari 5.0 或更高版本。
- Google Chrome 4.0 或更高版本。
- IE 7 或更高版本。
- 360 极速浏览器。

（4）App Inventor 环境搭建流程

App Inventor 项目开发都在浏览器上完成，开发环境搭建有两种，分别是在线版开发环境搭建和离线版开发环境搭建。两个版本的开发环境搭建大致步骤对比如表 1-2-1 所示。

表 1-2-1

开发环境搭建	大致步骤
在线版	下载并安装 JDK 设置环境变量 下载并安装 App Inventor 登录 http://www.google.com.hk，注册 Google 账户 利用 Google 账户登录 http://beta.appinventor.mit.edu/
离线版	下载并安装 JDK 设置环境变量 下载并安装 App Inventor 启动 launch-buildserver32.cmd 启动 startAI.cmd 登录 http://localhost:8888

① 本书采用离线版的开发环境搭建，系统及软件清单如下。
- 操作系统：Windows XP。
- 浏览器：360cse_7.5.2.128.exe（360 极速浏览器）。
- JDK：jdk-7u40-windows-i586.exe（下载地址：http://www.java.com）。
- App Inventor：appinventor_setup_installer_v_1_2.exe（下载地址：http://dl.google.com/dl/appinventor/installers/windows/appinventor_setup_installer_v_1_2.exe）。
- 命令文件：launch-buildserver32.cmd。
- 命令文件：startAI.cmd。

② 离线版 App Inventor 开发环境搭建具体步骤如下。
- 下载并安装 JDK。

按默认步骤安装即可。安装后，JDK 存放路径为 C:\Program Files\Java\jdk1.7.0_40。
- 设置环境变量。

在"我的电脑"图标上右击，在弹出的快捷菜单中选择"属性 > 高级 > 环境变量"，进行如表 1-2-2 所示的设置。

表 1-2-2

动作	设置
新建系统变量 JAVA_HOME	变量名：JAVA_HOME 变量值：C:\Program Files\Java\jdk1.7.0
新建系统变量 CLASSPATH	变量名：CLASSPATH 变量值：.;%JAVA_HOME%\lib\dt.jar;%JAVA_HOME%\lib\tools.jar;
修改系统变量 Path	在 Path 原内容后追加;%JAVA_HOME%\bin;%JAVA_HOME%\jre\bin

设置完成后，单击确定按钮，选择"开始 > 运行"，输入"cmd"进入命令行模式，输入 javac，若能显示如图 1-2-2 所示的窗口，说明环境变量配置成功；否则，请再重新检查环境变量的设置是否正确。

图 1-2-1

- 为保证 App Inventor 顺利开发项目，还要对 Java 进行一些设置。

打开控制面板，双击打开 Java，在弹出的对话框中选择"常规 > 设置"，取消勾选"将临时文件保存在我的计算机上（K）"选项，设置后如图 1-2-2 所示。

然后选择"安全"，将安全级别调为中级，设置后如图 1-2-3 所示。

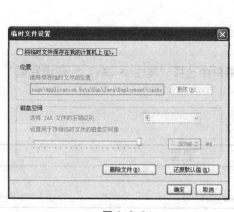

图 1-2-2　　　　　　　　　　　图 1-2-3

- 下载并安装 App Inventor。

按默认步骤安装即可。

- 启动 launch-buildserver32.cmd。
- 启动 startAI.cmd。
- 登录 http://localhost:8888，出现如图 1-2-4 所示窗口。

图 1-2-4

单击"Log In",即可进入项目开发窗口,如图 1-2-5 所示。在第一次使用 App Inventor 进行开发时,系统会默认创建一个名 hello 的项目,图 1-2-5 所示就是此项目的界面设计工作区。

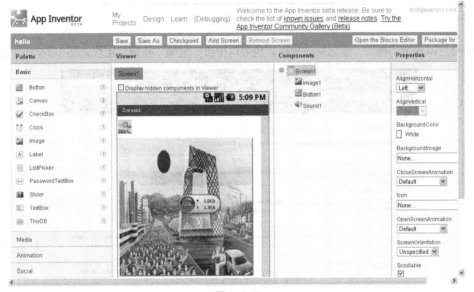

图 1-2-5

(5) App Inventor 三大作业模块

开发一个项目的流程可以概括地用一个公式加以描述,如图 1-2-6 所示。

图 1-2-6

与此对应,App Inventor 的项目开发如图 1-2-7 所示。

图 1-2-7

由此可见,App Inventor 包括 3 大作业模块,分别是 Designer(设计器)、Blocks Editor(图块编辑器)、Emulator(模拟器)。

- Designer(设计器)。

主要作用是项目界面设计,包括项目设置、元件布局与元件属性设置,如图 1-2-5 所示,在此完成项目界面设计。

- Blocks Editor(图块编辑器)。

主要作用是项目功能实现，可以对定义的元件设置不同属性，提供多种指令来控制元件行为等，通过积木式（或拼图）作业模式进行程序接合，从而进行程序设计。

单击位于图 1-2-5 右上角的"Open the Blocks Editor"按钮，可打开图块编辑器。首先弹出如图 1-2-8 所示对话框。

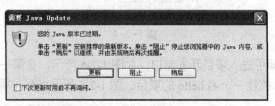

图 1-2-8

此时可以单击"稍后"按钮跳过更新，也可以单击"更新"按钮，出现如图 1-2-9 所示窗口。

图 1-2-9

单击"Agree and Start Free Download"按钮，按默认下载并安装 chromeinstall-7u51.exe。重启浏览器，重新登录 http://localhost:8888，进入如图 1-2-5 所示窗口，再次单击右上角"Open the Blocks Editor"按钮，出现如图 1-2-10 所示对话框。

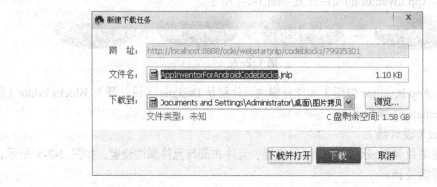

图 1-2-10

下载 AppInventorForAndroidCodeblocks.jnlp 到自定义目录下，双击运行，弹出如图 1-2-11 所示对话框。

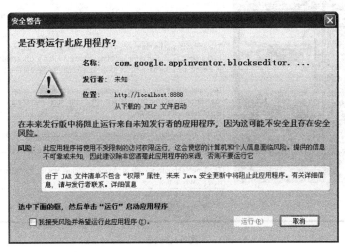

图 1-2-11

勾选"我接收风险并希望运行此应用程序"复选框，单击"运行"按钮，可打开图块编辑器窗口，如图 1-2-12 所示，在此完成项目功能实现。

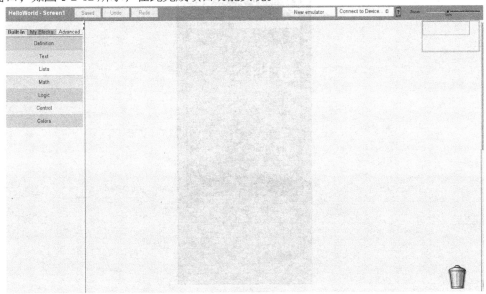

图 1-2-12

- Emulator（模拟器）。

主要作用是模拟实体手机方便开发者运行和测试项目，在没有 Android 设备前，可用模拟器模拟实体手机进行项目运行与测试，但模拟器在部分功能方面无法提供测试（如重力传感器、照相功能等）。

单击图 1-2-12 右上角"New emulator"按钮，弹出如图 1-2-13 所示对话框。

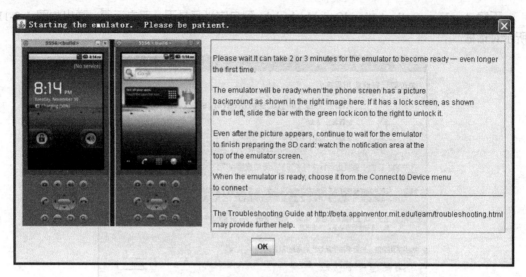

图 1-2-13

单击"确定"按钮,即可启动一个模拟器,若要启动多个模拟器,则多次单击"New emulator"按钮即可。模拟器窗口如图 1-2-14 所示,在此进行项目运行与测试。

图 1-2-14

3. App Inventor 开发基础操作

(1)项目基本操作

开发者有时需要新建自己的项目,删除已有项目,或上传下载所需项目,这个时候,需要在图 1-2-5 所示窗口上,单击"My Projects"按钮,切换到项目列表窗口如图 1-3-1 所示。

图 1-3-1

在此窗口中，列出了当前云服务器上已有的项目，可以看到，当前只有一个名为 hello 的项目，单击该项目名，即可再次打开图 1-7 所示窗口，进入该项目的界面设计环境 Designer 中，对应的图块编辑 Blocks Editor 也会同步更新到该项目的功能实现环境。也就是说，打开不同的项目，即可同步打开对应的 Designer，只要没有再次单击 "Open the Blocks Editor" 按钮来取消已经打开的 Blocks Editor，那么 Blocks Editor 将一直运行，并根据当前选择的项目同步更新显示内容。

在图 1-3-1 所示窗口中，开发者可以完成新建、删除、上传、下载项目等功能。

- 新建项目。

单击 "New" 按钮，弹出如图 1-3-2 所示对话框，可以输入新建的项目名称（注意：项目名称不能出现空格）。

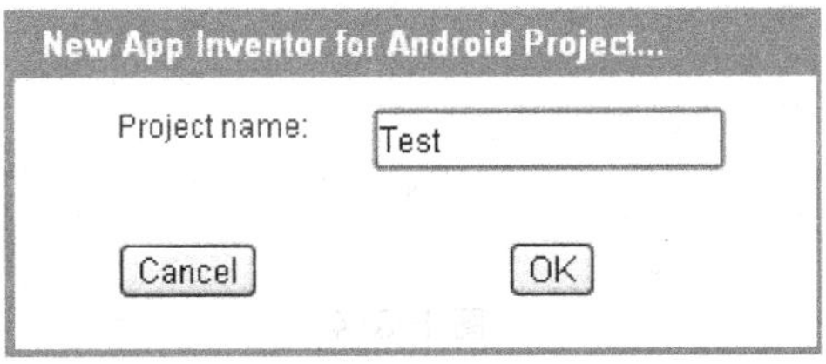

图 1-3-2

单击 "OK" 按钮即可新建一个项目，并自动跳转到新建项目的设计器窗口，如图 1-19 所示。假如之前已经打开图块编辑器，那么图块编辑器的内容也会同步更新。

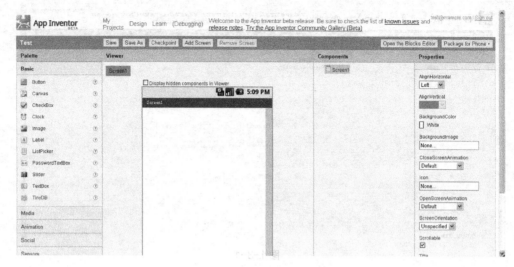

图 1-3-3

单击"My Projects",窗口自动更新如图 1-3-4 所示。

图 1-3-4

- 下载项目。

在图 1-3-4 所示的窗口中,勾选要下载的项目,单击"More Actions > Download Source",弹出如图 1-3-5 所示对话框,可对项目进行重命名,选择要存放的路径,单击"下载"按钮,即可保存项目到本地计算机上,以便日后查看或修改。

图 1-3-5

- 删除项目。

在图 1-3-4 中，勾选要删除的项目，单击"Delete"按钮，弹出如图 1-3-6 所示对话框，单击"确定"按钮，即可删除项目。（注意：删除的是云服务器上的项目，假如之前有保存下载对应项目到计算机上，那么计算机上的项目不会被删除。）

图 1-3-6

- 上传项目。

选择"More Actions > Upload Source"，弹出如图 1-3-7 所示对话框，单击"选择文件"按钮，选择要上传的项目，单击"OK"按钮，即可将本地计算机上的项目上传到服务器。

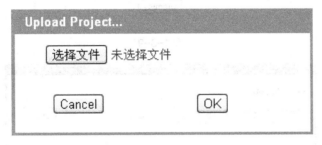

图 1-3-7

（2）项目运行

运行项目查看效果有两种方法。

- 模拟器上运行。

打开图块编辑器，新建一个模拟器后，单击"Connect to Device…"，选择"emulator-5554"即可在模拟器上运行当前项目。

- 实体手机上运行。

打开图块编辑器，连接实体手机到计算机上，单击"Connect to Device…"，选择连接的手机，如图 1-3-8 所示，即可在实体手机上运行当前项目。

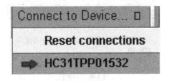

图 1-3-8

两种方法的区别是模拟器能够模拟实体手机的大部分功能，却无法提供如照相机、传感器等功能的测试。

（3）项目打包

能在手机上运行的项目必须经过打包成为以.apk 为后缀的 Android 程序，打包项目也有两种方法。

- 打包到本地计算机。

打开设计器，单击右上角的 "Package for Phone > Download to this Computer"，弹出如图 1-3-9 所示对话框，等待完成，将弹出如图 1-3-10 所示对话框，可对打包的项目重命名，并选择存放的位置，单击"下载"按钮，即可将当前项目打包到本地计算机上。

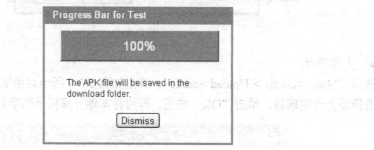

图 1-3-9

图 1-3-10

- 打包到实体手机。

要将项目打包到手机，首先要保证当前项目运行在手机上，然后打开设计器，单击右上角的 "Package for Phone > Download to Connected Phone"，弹出如图 1-3-11 所示对话框，等待完成，弹出如图 1-3-12 所示对话框，表示打包成功。此时，在手机上将看到一个 Test.apk 应用图标，如图 1-3-13 所示，触碰即可启动程序。

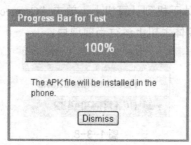

图 1-3-11

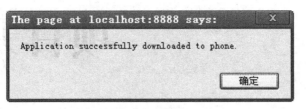

图 1-3-12

图 1-3-13

总结：

基础篇主要介绍了移动互联网的相关概念、发展历程及趋势，当前流行的手机操作平台、移动互联网 APP 及典型代表，重点介绍了 App Inventor 的特点、环境搭建流程、3 大作业模块以及常用的文件操作。本篇内容是学习 App Inventor 开发 Android 应用的基础，为后续项目开发和强化实训做准备。

PART 2 项目开发篇

1. Hello World

（1）项目需求

Hello World 几乎是学习所有编程语言的第一个程序，一般是显示一个字符串"Hello World"，可以以此来测试开发环境搭建是否正确，并用以入门学习。

本项目要求开发第一个 Android 应用程序"Hello World"，在模拟器或手机上显示文字"Hello World"，并对传统的 Hello World 程序进行改进，包括添加按钮元件，单击按钮，发出猫叫声音。

运行效果如图 2-1-1 所示。流程图结构如图 2-1-2 所示。

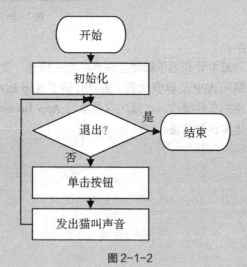

图 2-1-1　　　　　　　　　　　　　　图 2-1-2

（2）项目素材

- 素材路径：光盘/项目开发素材/1。
- 素材资源：cat.jpg（猫图片）、meow.mp3（猫叫声音）。

（3）项目界面设计

在"My Projects"项目列表窗口中，单击"New"按钮，输入新建项目名"HelloWorld"，如图 2-1-3 所示。

注意：项目名命名规则是以字母开头，后面是字母、数字、下画线的组合。

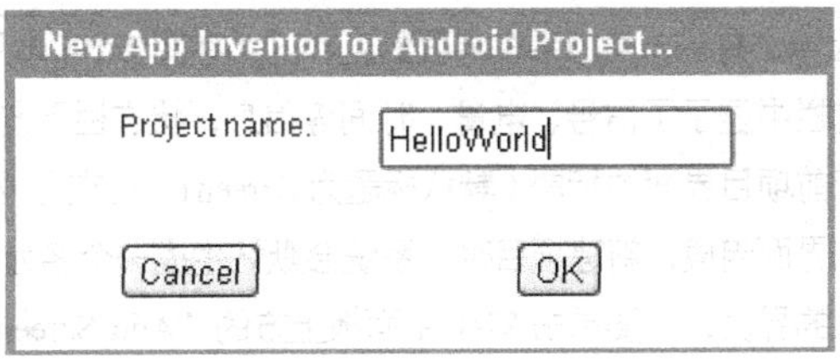

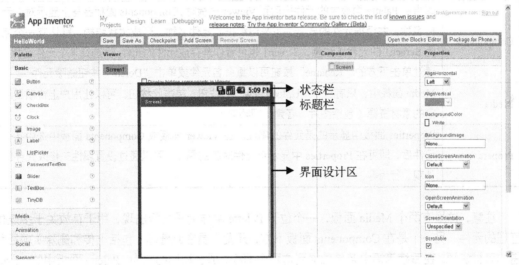

图 2-1-3

单击"OK"按钮，即可切换到 HelloWorld 项目界面设计（Designer）窗口，如图 2-1-4 所示。

图 2-1-4

在 Designer 窗口中，共有 5 个面板，分别是 Palette、Viewer、Components、Media、Properties。各面板功能分别如表 2-1-1 所示。

表 2-1-1

面板名称	功能
Palette	Palette 面板共包含 9 个子面板，分别是 Basic、Media、Animation、Social、Sensors、Screen Arrangement、LEGO® MINDSTORMS®、Other stuff、Not ready for prime time。每个子面板中包含若干元件（如 Basic 面板中包含按钮 Button、文本框 TextBox 等），开发者可以根据需要在这 9 个子面板中选择需要的元件并拖动到 Viewer 面板中，从而完成项目界面的设计 说明：元件的属性一般用于修改元件的外观。元件的事件是针对不同元件的行为，比如按钮的单击事件、画布的拖动事件等。元件的方法是 App Inventor 提供的关于元件的内置方法，如画布的清除方法用于清除画布内容等

续表

面板名称	功能
Viewer	Viewer 面板中，有一个类似手机界面的工作区（在图 2-1-4 中用加粗边框框住），手机界面上方的状态栏中显示了信号、电量、时间等信息，状态栏下方深灰色的一栏为标题栏，左侧显示了当前项目界面的标题（默认标题为 Screen1，可在开发中对其进行修改。一个项目可以由多个界面组成，新建项目时，系统会默认生成一个名为 Screen1 的界面，当然，可以添加更多的界面，只要单击 Viewer 面板上方的 "Add Screen" 按钮即可添加新界面。注意，默认生成的界面名称 Screen1 不能修改，但在后续添加新的界面时，可以自定义界面名称）。剩下的一大片白色的区域，就是开发者进行项目界面设计的主要工作区域，可以将 Palette 面板中的元件拖曳至此处，即可马上看到元件添加后的效果
Components	每当将 Palette 面板中的元件拖动到 Viewer 面板时，Components 面板会马上显示对应元件名称，并根据元件的嵌套关系来组织排放元件名称，形成树状结构。默认有一个名为 Screen1 的元件（注意，Screen1 也可看作是存放元件的元件）。选择某个元件名称，通过单击下方的 "Rename" 按钮可以重命名元件或单击 "Delete" 按钮删除元件
Media	Media 面板中，只有一个 "Upload new…" 按钮，单击此按钮，可以让用户上传项目所需的素材资源（包括图片、音频、视频等）
Properties	Properties 面板中显示的是元件的属性。在 Viewer 面板或 Components 面板中选中某个元件后，即可在 Properties 中显示该元件对应的属性，可以通过设置属性来修改元件的外观、行为等

注意，这里有两个 Media 面板，一个位于 Palette 中作为子面板出现，用于存放关于多媒体管理的元件，另一个是在 Components 面板下方，开发人员在此管理（包括上传和删除）项目所需的素材资源。在后续篇幅中若单独提到这两个面板，那么我们约定为：Palette 面板中的 Media 子面板，我们称之为 Media 子面板；而位于 Components 面板下方的 Media 面板，我们称之为 Media 面板。以免读者混乱。

为了显示 "Hello World" 字符串，我们从 Palette 面板的 Basic 子面板中选择 Label（标签）元件，将其拖到 Viewer 空白区域，Label 组件会自动显示在空白区域的上方，这是因为默认的 Screen1 界面是垂直线性布局方式，即元件的排放方式是由上至下排列显示，如图 2-1-5 所示。

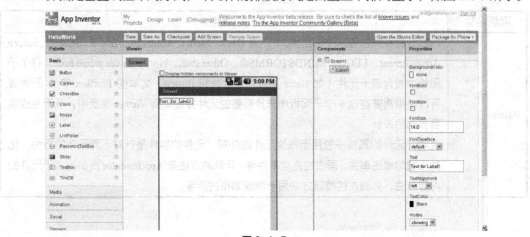

图 2-1-5

添加的 Label 元件默认名称为 Label1，内容为"Text for Label1"，我们可以在 Components 面板中重命名元件名称，并在 Properties 面板中修改显示的内容。

在 Components 面板中，选择 Label1，单击"Rename"按钮，在弹出的对话框中输入新的名称如"Label"，单击"OK"按钮，即可完成重命名动作。

在 Properties 面板中，修改 Text 属性值为"Hello World"，按 Enter 键或在其他地方单击一下，即可将 Label 的内容修改成"Hello World"，并可以在 Viewer 中马上看到这种改变，如图 2-1-6 所示。

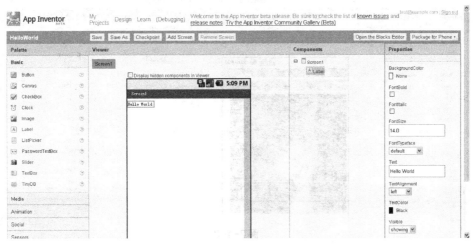

图 2-1-6

为了做得更好，我们继续对 Label 元件属性进行设置修改，在此，将 Label 的 Width 属性设为"Fill Parent"（表示标签元件的宽度与手机屏幕宽度同宽），TextAlignment 属性设为"center"（表示标签元件中的文本内容居中，这个属性只有在当前元件的 Width 属性设置为"Fill parent"时才起作用），BackgroundColor 属性设为"Green"（表示标签元件的背景颜色设置为绿色），FontSize 属性设为"24.0"（表示标签元件中的文字大小为 24.0）。元件属性的含义与英文翻译意思相同，如 BackgroundColor 为背景颜色，FontSize 为字体大小，在以后的说明中将省去对常用属性的解释，读者应该能够根据单词本身进行理解。完成后如图 2-1-7 所示。

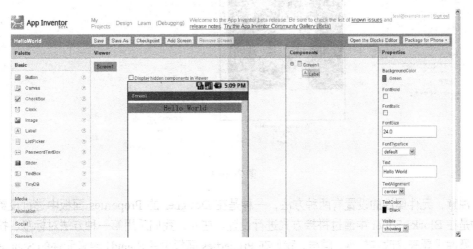

图 2-1-7

由于本项目中需要用到猫图片和猫叫声音，因此，可先将此资源上传到服务器中，以便后续开发使用。在 Media 面板中，单击 "Upload new..." 按钮，分别选择要上传的猫图片和猫叫声音文件，单击 "OK" 按钮，完成资源上传。

然后，将 Basic 子面板中的 Button 按钮元件拖到 Viewer 中，元件自动放到 "Hello World" 文字下方，将 Button 的 Text 属性设置为空，Image 属性设置为 cat.jpg，Width 设置为 Fill parent。效果如图 2-1-8 所示。

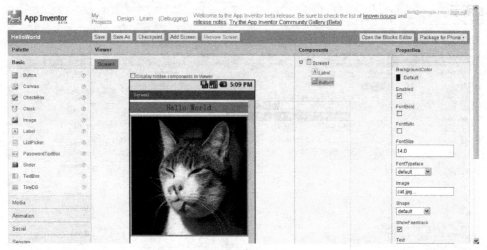

图 2-1-8

为了在单击猫图片按钮时能够发出猫叫的声音，我们在界面部分还需要添加一个元件，用以管理小声音文件的播放、停止等动作。将 Media 子面板中的 Sound 声音元件拖到 Viewer 面板中，由于 Sound 是一个非可视化元件，App Inventor 将所有非可视化元件都放置在下方的 "Non-visible components" 中进行管理，如图 2-1-9 所示。

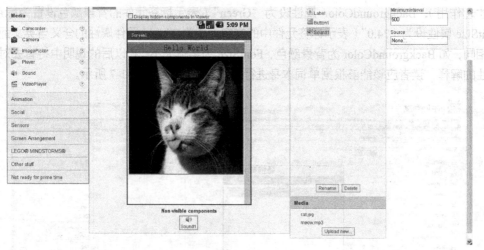

图 2-1-9

注意，元件属性的设置有两种方法，一种是在 Designer 的 Properties 面板中进行设置，另一种是在 Blocks Editor 中通过拼接方式进行设置。在此，我们采用第一种方法对标签、按钮进行了属性设置来修改其外观，同样，我们在 Properties 面板中将 Sound1 声音元件的 Source 属性设置为 "meow.mp3"。

至此，我们已经完成了"Hello World"项目界面设计部分。我们可以对以上进行的界面设计用一张表简单清晰地加以说明，如表 2-1-2 所示。表中列出了需要添加的元件、元件所属面板、重命名后的新名称和需要在 Properties 面板中进行设置的属性及取值。

表 2-1-2

元件	所属面板	重命名	属性名	属性值
Label	Basic	Label	BackgroundColor	Green
			FontSize	24
			Text	Hello World
			TextAlignment	center
			Width	Fill parent
Button	Basic	Button1	Picture	cat.png
			Width	Fill parent
Sound	Media	Sound1	Source	meow.mp3

实际上，在后续的项目开发中，关于界面设计部分，我们将简单地采用一张如表 2-1-2 所示的表加以描述，对于关键的地方我们再进行特别说明。有关元件属性、事件、方法的具体含义可以参考随书光盘或网上电子资源，其中对每个元件的属性、事件、方法都进行了详细的说明。

（4）项目功能实现

完成了项目界面设计部分，接下来就是实现项目功能部分。单击右上角的"Open the Blocks Editor"按钮，下载并打开"AppInventorForAndroidCodeblocks.jnlp"文件，切换到 Blocks Editor（图块编辑器）窗口，如图 2-1-10 所示，在此完成单击按钮发出猫叫声音功能。

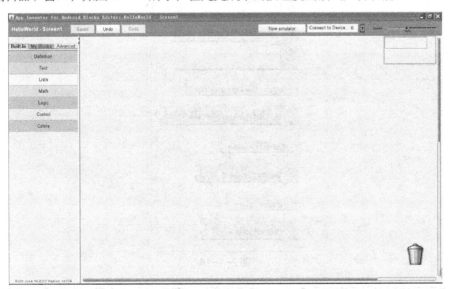

图 2-1-10

Blocks Editor（图块编辑器）窗口主要分两列，左边一列包括 3 个子选项卡，分别是 Built-In（包含系统提供的内部指令，如图 2-1-11 所示，各种指令含义详见随书光盘或网上电子资源）、

My Blocks（包含所有在 Designer 中添加的元件和自定义的全局变量，如图 2-1-12 所示）、Advanced（包含高级操作，可以快速简单地完成一些复杂重复的动作，如图 2-1-13 所示）。

Built-In	My Blocks	Advanced
Definition		
Text		
Lists		
Math		
Logic		
Control		
Colors		

图 2-1-11

Built-In	My Blocks	Advanced
My Definitions		
Button1		
Label		
Screen1		
Sound1		

图 2-1-12

Built-In	My Blocks	Advanced
Any Button		
Any Label		
Any Screen		
Any Sound		

图 2-1-13

现在我们需要实现单击 Button1 发出猫叫的声音，因此切换到 My Blocks 窗口，找到并选择 Button1，弹出下拉列表，如图 2-1-14 所示。

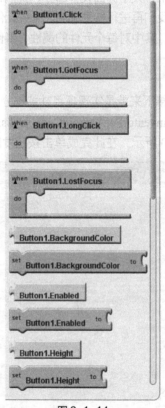

图 2-1-14

下拉列表中列出了所有关于 Button1 按钮的属性、事件和方法（假如有的话）。各种颜色模块的含义及作用如表 2-1-3 所示。

表 2-1-3

颜色模块	作用	举例	说明
绿色模块	表示按钮事件发生时的动作	when Button1.Click do	表示按钮单击时的动作,具体的动作处理放在 do 对应的空白区域处
浅蓝色模块	返回按钮属性值	Button1.Height	返回按钮的高度
蓝色模块	设置按钮属性值	set Button1.Height to	设置按钮高度为新的值,新值放在 to 后面

说明:在 Blocks Editor(图块编辑器)中,每个元件都有类似图 2-1-14 对应的下拉列表。有些元件还提供内置方法供开发者调用,比如画布元件 Canvas1,其提供了方法 Clear,用于清除画布,代码模块如图 2-1-15 所示。关于方法的调用,是用紫色模块表示的。

图 2-1-15

在实现功能前,先给大家列出有关本项目的一些基础清单。
- 属性、事件、方法清单(每个元件属性、事件、方法具体含义请参考随书光盘或网上电子资源),如表 2-1-4 所示。

注意,本项目所涉及元件的属性设置在界面设计时已完成,因此在功能实现中没有关于属性的设置,故这里只列出涉及的事件和方法。

表 2-1-4

事件、方法模块	所属面板	作用说明
when Button1.Click do	My Blocks→Button1	单击按钮 Button1 时呼叫本事件
call Sound1.Play	My Blocks→Sound1	播放声音文件

- 指令清单(每个指令具体含义请参考随书光盘或网上电子资源)。
注意,由于本项目没有使用其他指令,因此在此可以省略此部分。
有了基础清单和指令清单,现在可以开始实现功能。在实现项目功能过程中,选择要进行操作的模块,并将其拖到右边的工作区中即可,多个模块拼接在一起,能实现所需功能。拼接成功,会听到"咔嗒"一声。对不需要的模块,可以将其拖到右下角的垃圾桶上或单击"Delete"按钮将其删除。
实现单击按钮播放猫叫声音功能。具体操作:在 My Blocks 中单击要操作的按钮元件 Button1,在展开的下拉列表中选择事件 Click,把此模块拖到工作区,表示单击按钮 Button1 时呼叫本事件，要执行的动作需要放到 do 后的区域进行拼接，在 My Blocks 中单击要操作的声音元件 Sound1，在展开的下拉列表中选择 Play 方法，把此模块拖到工作区，拼接到 Click 里面，就能实现单击按钮播放猫叫声音的功能了。

与界面设计同样处理，我们将项目功能实现部分用一张表简单清晰地加以说明，如表 2-1-5 所示。表中列出了要实现的功能、需要拼接的代码模块、作用说明和最终模块拼接。

表 2-1-5

功能	单击按钮，播放声音	
	代码模块	作用说明
事件	when Button1.Click do	单击按钮 Button1 时呼叫本事件
事件动作中的代码模块	call Sound1.Play	播放声音文件
最终模块拼接	when Button1.Click do call Sound1.Play	

在后续的项目开发中，关于项目功能实现部分，我们将简单地采用一张如表 2-1-5 所示的表加以描述，对于关键的地方我们再进行特别说明。有关元件属性、事件、方法的具体说明可以参考随书光盘或网上电子资源，有关代码模块的具体含义可以参考随书光盘或网上电子资源，其中随书光盘或网上电子资源对每个指令的含义进行了详细的说明。

（5）项目运行

① 在图块编辑器中单击"New Emulator"新建一个模拟器，初始化完毕，单击"Connect to Device..."，选择"emulator-5554"，即可在模拟器上运行当前项目。

② 连接实体手机到计算机上，单击"Connect to Device..."，选择连接的手机，即可在实体手机上运行当前项目。

（6）拓展与提高

单击按钮时手机震动。提示如图 2-1-16 所示。

图 2-1-16

2. 计算器

（1）项目需求

计算器是一种能够进行数学运算的手持设备，现在手机和计算机上都集成了计算器功能。

本项目要求开发一个计算器程序，除了能够提供两个操作数的加减乘除功能外，还支持长表达式的运算，如"3+2-6×5"，能够方便用户即时计算，提高计算效率。

运行效果如图 2-2-1 所示。流程图结构如图 2-2-2 所示。

图 2-2-1

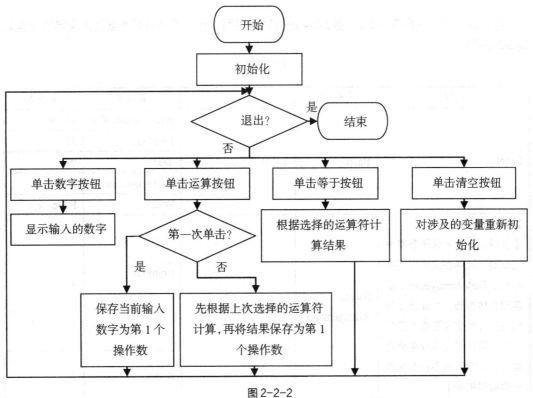

图 2-2-2

（2）项目素材

- 本项目无需其他素材。

（3）项目界面设计

新建项目 Calculator。项目设计界面如图 2-2-3 所示。元件结构如图 2-2-4 所示。

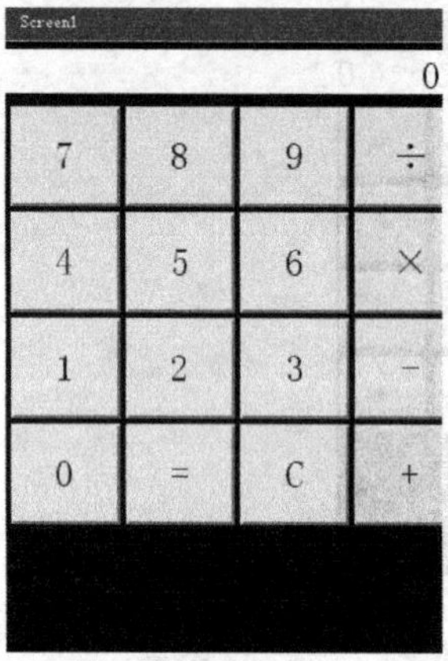

图 2-2-3 　　　　　　　　图 2-2-4

打开设计器，根据图 2-2-3、图 2-2-4 进行项目界面设计。项目所需界面元件及属性设置如表 2-2-1 所示。

表 2-2-1

元件	所属面板	重命名	属性名	属性值
Label	Basic	Label	BackgroundColor	White
			FontSize	30
			Text	0
			TextAlignment	right
			Width	Fill parent
TableArrangement 【说明：界面默认是垂直线性布局，元件由上至下顺序排放。TableArrangement 能实现表格布局，由 m 行 n 列组成，行列交叉形成表格单元格，可以将元件放在单元格中，从而实现多行多列的元件排列布局】	Screen Arrangement	TableArrangement1	Columns	4
			Rows	4

续表

元件	所属面板	重命名	属性名	属性值
Button（10个）	Basic	Button0~Button9	FontSize	30
			Text	分别为0~9
			Width	80
			Height	70
Button（4个）	Basic	ButtonAdd（＋） ButtonSub（－） ButtonMul（×） ButtonDiv（÷）	FontSize	30
			Text	分别为＋、－、×、÷
			Width	80
			Height	70
Button（2个）	Basic	ButtonEqual（＝） ButtonC（C）	FontSize	30
			Text	分别为=、C
			Width	80
			Height	70

（4）项目功能实现

打开图块编辑器，进行项目功能实现。

- 属性、事件清单（每个元件属性、事件具体含义请参考随书光盘或网上电子资源），如表 2-2-2 所示。

表 2-2-2

属性、事件模块	所属面板	作用说明
set Label.Text to	My Blocks→Label	设置标签 Label 的内容
when Button0.Click do	My Blocks→Button0	单击数字按钮 Button0 时呼叫本事件（其余数字按钮找到对应元件的 Click 方法即可）
when ButtonAdd.Click do	My Blocks→ButtonAdd	单击运算按钮 ButtonAdd 时呼叫本事件（其余运算按钮找到对应元件的 Click 方法即可）
when ButtonEqual.Click do	My Blocks→ButtonEqual	单击等于按钮 ButtonEqual 时呼叫本事件
when ButtonC.Click do	My Blocks→ButtonC	单击清除按钮 ButtonC 时呼叫本事件

- 指令清单（每个指令具体含义请参考随书光盘或网上电子资源），如表 2-2-3 所示。

表 2-2-3

指令模块	所属面板	作用说明
def variable as	Built-In→Definition	定义变量。variable 是变量名，可以通过单击名字进行修改。as 后面可拼接的内容包括字符串、数字、清单、逻辑值等
global variable	My Blocks→My Definitions	取得全局变量 variable 的值。注意，variable 的名字若在定义变量时有修改过，那么这里会同步更新
set global variable to	My Blocks→My Definitions	设置全局变量 variable 的值。注意，variable 的名字若在定义变量时有修改过，那么这里会同步更新
join	Built-In→Text	将两个指定字符串连接成一个新的字符串
number 123	Built-In→Math	数字常量，默认值为 123。可以通过单击值来修改
not =	Built-In→Math	比较两个指定数字。如果不相等返回 true，否则返回 false
+	Built-In→Math	对两个操作数进行求和。可以单击 + 号选择其他可操作的运算符
−	Built-In→Math	对两个操作数进行求差。可以单击 − 号选择其他可操作的运算符
×	Built-In→Math	对两个操作数进行求积。可以单击 × 号选择其他可操作的运算符
/	Built-In→Math	对两个操作数进行求商。例如 1/2 为 0.5，1/3 为 0.33333，3/1 为 3。可以单击 /号选择其他可操作的运算符
if test then-do	Built-In→Control	条件语句，测试指定条件 test，若为 true 则执行 then-do 中的指令，反之则跳过此代码块
ifelse test then-do else-do	Built-In→Control	条件语句，测试指定条件 test，若为 true 则执行 then-do 中的指令，反之则执行 else-do 中的指令

- 功能实现。

① 全局变量的定义，如表 2-2-4 所示。

表 2-2-4

功能	定义全局变量	
	代码模块	作用说明
定义变量	def x as number 0	用于保存用户当前输入的操作数
	def y as number 0	用于保存计算时表达式的第一个操作数
	def z as number 0	用于保存用户要进行的运算，其中，1 代表加，2 代表减，3 代表乘，4 代表除

② 单击 "0"~"9" 按钮，保存用户当前输入的数字到全局变量 x 中，将 x 的值显示到 Label 标签中。需要注意的是，x 保存的数据可能是单位数字（如 1），也可能是多位数字（如 12），在赋值之前，先要判断 x 原始值是否为 0，是则直接将单击的按钮上的数字值赋给 x（如 1），否则，则需要将先前保存的 x 值与当前输入的数字值进行连接，构成多位数字值再赋给 x（如 12），如表 2-2-5 所示。

注意，由于 Button1~Button9 的单击动作处理与 Button0 类似，因此，这里只给出 Button0 的操作，读者自行完成其余 9 个按钮的单击动作处理。

表 2-2-5

功能	单击 "0" 按钮，保存用户当前输入的操作数	
	代码模块	作用说明
事件	when Button0.Click do	单击按钮 "0" 时呼叫本事件
事件动作中的代码模块	ifelse test global x not = number 0 then-do set global x to global x join number 0 else-do set global x to number 0	如果 x 不等于 0，则需要拼接所按数字形成一个数赋给 x，否则直接设置 x 的值为 0
	set Label.Text to global x	设置 Label 标签的文本为输入的数字 x

最终模块拼接	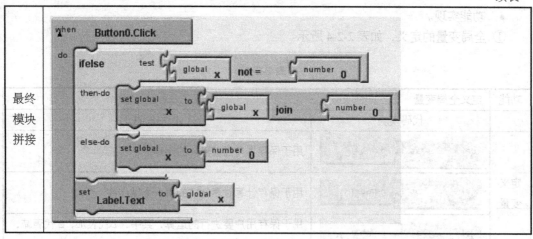

③ 单击"+"、"-"、"×"、"÷"运算按钮,执行相应的动作。由于计算器支持长表达式的运算,因此在执行相应动作时,需要先判断在本轮计算中是否第一次单击运算按钮。若是第一次单击运算按钮,则将当前输入的数字(保存到 x 中)直接复制给 y(作为日后运算的第一个操作数);若之前已经单击过运算按钮,则说明这不是第一次单击运算按钮,那么需要根据上一次单击的运算符(保存到 z 中),将第一个操作数 y 的值和当前输入的数字 x 的值进行相应运算,将结果赋值给 y,作为下次运算的第一个操作数,并将 y 显示到 Label 中。做完以上处理后,最终,需要将 z 重新赋值为当前单击的运算操作(如当前单击 ButtonAdd,则将 z 赋值为 1,以此类推),并且将 x 的值重新赋值为 0,以便下次接收新输入的操作数,如表 2-2-6 所示。

注意,由于 ButtonSub、ButtonMul、ButtonDiv 的单击动作处理与 ButtonAdd 类似,只需要把 z 改为对应的编号即可。因此,这里只给出 ButtonAdd 的操作,读者自行完成其余 3 个按钮的单击动作处理。

表 2-2-6

功能	单击"+"按钮,执行相应动作	
	代码模块	作用说明
事件	when ButtonAdd.Click do	单击按钮"+"时呼叫本事件
事件动作中的代码模块	if test global z = number 1 then-do set global y to global y + global x	z=1,代表执行加法,将计算结果保存到 y 中

续表

功能	单击"+"按钮，执行相应动作	
	代码模块	作用说明
事件动作中的代码模块	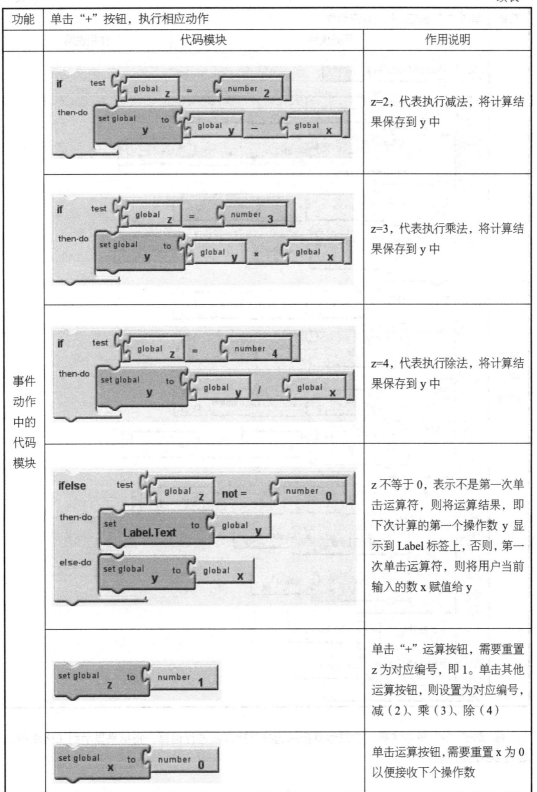	z=2，代表执行减法，将计算结果保存到 y 中
		z=3，代表执行乘法，将计算结果保存到 y 中
		z=4，代表执行除法，将计算结果保存到 y 中
		z 不等于 0，表示不是第一次单击运算符，则将运算结果，即下次计算的第一个操作数 y 显示到 Label 标签上，否则，第一次单击运算符，则将用户当前输入的数 x 赋值给 y
		单击"+"运算按钮，需要重置 z 为对应编号，即 1。单击其他运算按钮，则设置为对应编号，减（2）、乘（3）、除（4）
		单击运算按钮，需要重置 x 为 0 以便接收下个操作数

续表

功能	单击"+"按钮，执行相应动作	
	代码模块	作用说明
最终模块拼接	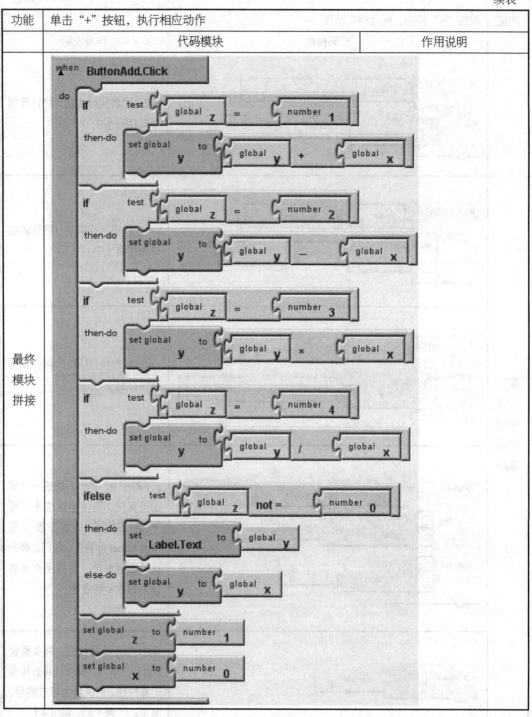	

④ 单击"="等号按钮，根据运算符的选择对操作数进行运算，将结果显示到 Label 中，如表 2-2-7 所示。

表 2-2-7

功能	单击 "=" 按钮，计算结果	
	代码模块	作用说明
事件	when ButtonEqual.Click do	单击按钮 "=" 时呼叫本事件
事件动作中的代码模块	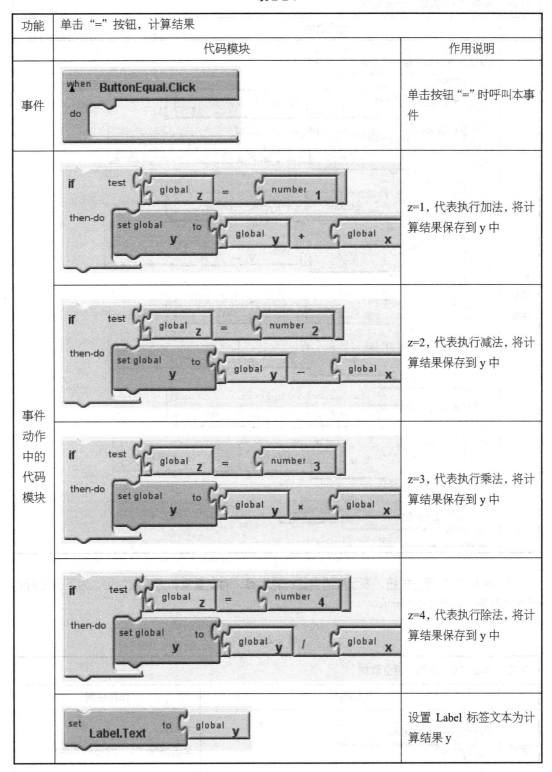	z=1，代表执行加法，将计算结果保存到 y 中
		z=2，代表执行减法，将计算结果保存到 y 中
		z=3，代表执行乘法，将计算结果保存到 y 中
		z=4，代表执行除法，将计算结果保存到 y 中
		设置 Label 标签文本为计算结果 y

续表

功能	单击"="按钮，计算结果	
	代码模块	作用说明
最终模块拼接	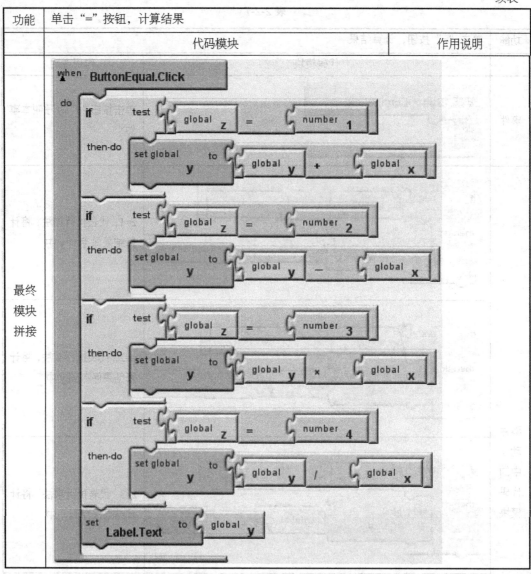	

⑤ 单击"C"清空按钮，表示要清空这一轮运算，对变量重新进行初始化，为下一轮新的运算做准备，如表 2-2-8 所示。

表 2-2-8

功能	单击"C"按钮，清空数据	
	代码模块	作用说明
事件	when ButtonC.Click do	单击按钮"C"时呼叫本事件

续表

功能	单击"C"按钮,清空数据	

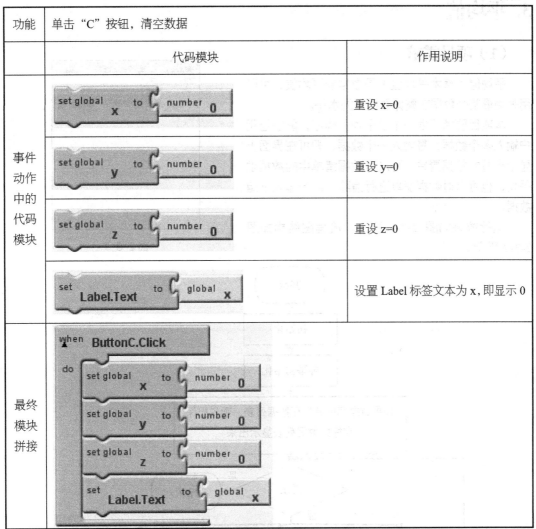

	代码模块	作用说明
事件动作中的代码模块	set global x to number 0	重设 x=0
	set global y to number 0	重设 y=0
	set global z to number 0	重设 z=0
	set Label.Text to global x	设置 Label 标签文本为 x,即显示 0
最终模块拼接	when ButtonC.Click do set global x to number 0 / set global y to number 0 / set global z to number 0 / set Label.Text to global x	

(5)项目运行

① 在图块编辑器中单击"New Emulator"新建一个模拟器,初始化完毕,单击"Connect to Device…",选择"emulator-5554",即可在模拟器上运行当前项目。

② 连接实体手机到计算机上,单击"Connect to Device…",选择连接的手机,即可在实体手机上运行当前项目。

(6)拓展与提高

① 添加左括弧(和右括弧)按钮,用户能够输入如"3×(1+2)"的表达式,单击"="时,直接显示运算结果。

3. 平均值

（1）项目需求

平均值（算术平均值）是数据的平均值，可以用来测量某个数据在整体数据中的水平。

本项目要求开发一个求平均分程序，能够让用户输入多个数据，每输入一个数据，即可在界面上显示当前的数据清单，可以对数据清单中的数据求平均，也可以对数据清单进行清除，以便输入下组数据。

运行效果如图 2-3-1 所示。流程图结构如图 2-3-2 所示。

图 2-3-1

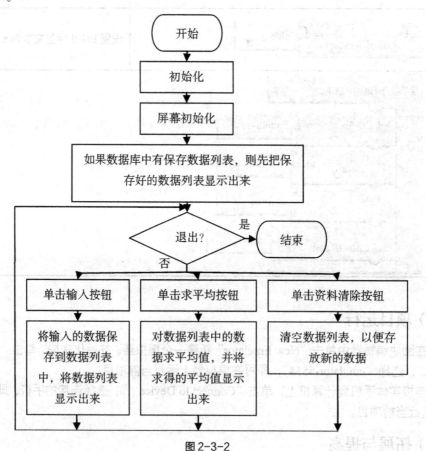

图 2-3-2

（2）项目素材

- 本项目无需其他素材。

（3）项目界面设计

新建项目 Average。项目设计界面如图 2-3-3 所示。元件结构如图 2-3-4 所示。

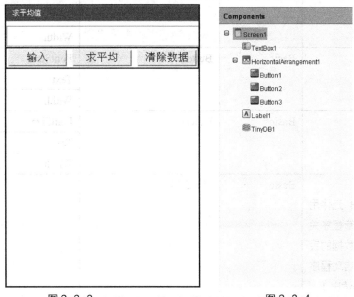

图 2-3-3　　　　　　　　　　　　　　图 2-3-4

打开设计器，根据图 2-3-3、图 2-3-4 进行项目界面设计。项目所需界面元件及属性设置如表 2-3-1 所示。

表 2-3-1

元件	所属面板	重命名	属性名	属性值
Screen1			Title	求平均值
TextBox	Basic	TextBox1	FontSize	20
			Hint	请输入成绩
			NumbersOnly	勾选
			Text	空
			Width	Fill parent
HorizontalArrangement 【说明：HorizontalArrangement 是水平线性布局，放在其中的元件将由左至右进行排列】	Screen Arrangement	HorizontalArrangement1	Width	Fill parent

续表

元件	所属面板	重命名	属性名	属性值
Button	Basic	Button1	FontSize	20
			Text	输入
			Width	Fill parent
Button	Basic	Button2	FontSize	20
			Text	求平均值
			Width	Fill parent
Button	Basic	Button3	FontSize	20
			Text	清除数据
			Width	Fill parent
Label	Basic	Label1	FontSize	20
			Text	空
			Width	Fill parent
TinyDB【说明：TinyDB 元件用于存储数据，尽管程序关闭，也不会造成数据的丢失，可以在下次启动程序时将保存的数据读出】	Basic	TinyDB1		

注意，界面中的 3 个按钮放在 HorizontalArrangement1（水平线性布局）元件中，HorizontalArrangement1 元件的 Width 设为 Fill parent，表示与手机屏幕等宽。要让 3 个按钮平分 HorizontalArrangement1 的宽度，则这 3 个按钮的 Width 属性都要设为 Fill parent，如果设置为 Automatic，则表示按钮宽度与按钮内容一样，不符合要求。

（4）项目功能实现

打开图块编辑器，进行项目功能实现。

- 属性、事件、方法清单（每个元件属性、事件、方法具体含义请参考随书光盘或网上电子资源），如表 2-3-2 所示。

表 2-3-2

属性、事件、方法模块	所属面板	作用说明
Label1.Text	My Blocks→Label1	取得标签 Label1 的内容
set Label1.Text to	My Blocks→Label1	设置标签 Label1 的内容
TextBox1.Text	My Blocks→TextBox1	取得文本框 TextBox1 的内容

续表

属性、事件、方法模块	所属面板	作用说明
set TextBox1.Text to	My Blocks→TextBox1	设置文本框 TextBox1 的内容
when Button1.Click do	My Blocks→Button1	单击输入按钮 Button1 时呼叫本事件
when Button2.Click do	My Blocks→Button2	单击求平均按钮 Button2 时呼叫本事件
when Button3.Click do	My Blocks→Button3	单击清除按钮 Button3 时呼叫本事件
when Screen1.Initialize do	My Blocks→Screen1	应用程序一启动运行就同步呼叫本事件，本事件可用来初始化某些数据以及执行一些前置性操作
call TinyDB1.StoreValue tag valueToStore	My Blocks→TinyDB1	在指定标签下存储一笔数据。其中：tag 是标签，必须为字符串；valueToStore 是要存储的数据，可以是字符串或清单
call TinyDB1.GetValue tag	My Blocks→TinyDB1	读取指定标签下数据的方法，如果没有任何数据，则返回空字符串。其中：tag 是标签，必须为字符串

- 指令清单（每个指令具体含义请参考随书光盘或网上电子资源），如表 2-3-3 所示。

表 2-3-3

指令模块	所属面板	作用说明
def variable as	Built-In→Definition	定义变量。variable 是变量名，可以通过单击名字进行修改。as 后面可拼接的内容包括字符串、数字、清单、逻辑值等
global variable	My Blocks→My Definitions	取得全局变量 variable 的值。注意，variable 的名字若在定义变量时有修改过，那么这里会同步更新
set global variable to	My Blocks→My Definitions	设置全局变量 variable 的值。注意，variable 的名字若在定义变量时有修改过，那么这里会同步更新

续表

指令模块	所属面板	作用说明
procedure arg do	Built-In→Definition	方法的定义。procedure 是方法名，可以通过单击名字进行修改。作用是将多个指令集合在一起，以后调用该方法时，被集合在其中的指令会按顺序依次执行
call procedure	My Blocks→My Definitions	方法的调用。注意，procedure 的名字若在定义方法时有修改过，那么这里会同步更新
name name	视用途而定	有 3 种用途。 A. 作为定义方法时的参数存在。此时，需要在 Built-In→Definition 中选择此模块，参数个数没有限制，name 是参数名。 B. 作为内置方法的参数存在。此时，调用内置方法时，若此方法有参数，则会自动带有默认名称的参数。 C. 作为指令使用时的变量存在。比如，在使用 foreach 指令时，可以使用 var 来保存每次访问到的数据。此时，指令会自动带有默认名称的变量。 不管哪种情况，都可以通过单击来修改名字
value name	My Blocks→My Definitions	取得自定或内置方法参数的值，或取得指令运行时变量的值。注意，若在定义参数时有修改过名字，那么这里会同步更新
text text	Built-In→Text	字符串常量，默认值为 text。可以通过单击值来修改
call make text text	Built-In→Text	将所有指定的字符串或数值连接成一个新的字符串
call make a list item	Built-In→Lists	新建一个清单，并自行指定清单元素。若未指定任何元素，则此为一个空清单
call insert list item list index item	Built-In→Lists	将指定内容 item 插入到清单 list 的指定位置 index 中
call is a list? thing	Built-In→Lists	如果指定内容 thing 格式为清单返回 true，否则返回 false

续表

指令模块	所属面板	作用说明
number 123	Built-In→Math	数字常量，默认值为 123。可以通过单击值来修改
>	Built-In→Math	比较两个指定数字。如果前者大于后者返回 true，否则返回 false
+	Built-In→Math	对两个操作数进行求和。可以单击＋号选择其他可操作的运算符
−	Built-In→Math	对两个操作数进行求差。可以单击－号选择其他可操作的运算符
/	Built-In→Math	对两个操作数进行求商。例如 1/2 为 0.5，1/3 为 0.33333，3/1 为 3。可以单击/号选择其他可操作的运算符
call is a number? thing	Built-In→Math	指定对象 thing 如果为数字返回 true，否则返回 false
if test then-do	Built-In→Control	条件语句，测试指定条件 test，若为 true 则执行 then-do 中的指令，反之则跳过此代码模块
foreach variable do in list	Built-In→Control	循环语句，逐个访问指定清单（in list）的元素 var，do 执行的次数取决于清单的长度

- 功能实现。
① 全局变量的定义，如表 2-3-4 所示。

表 2-3-4

功能	定义全局变量	
	代码模块	作用说明
定义变量	def index as number 1	用于保存插入新数据的清单索引（或位置）
	def sum as number 0	用于保存数据清单中所有数据的总和，以便求平均值时使用
	def data_list as call make a list item	用于保存用户输入的每个数据
	def tempText as text	用于在显示数据清单表数据时作为中间值保存每项数据

② 由于在程序多处地方需要显示数据清单内容，为了节省代码空间，我们将显示数据清单内容的代码抽出来，放在一个方法里，以后需要显示数据清单内容的地方，只要简单地调用方法即可，减少重复代码的编写，如表 2-3-5 所示。

表 2-3-5

功能	显示数据清单内容	
	代码模块	作用说明
方法	ShowDataList arg / do	定义显示数据清单的方法 ShowDataList
方法中的代码模块	set global tempText to text / set global index to number 1	重设全局变量 tempText 和 index 的值
	foreach variable name content / do set global tempText to call make text (text value content, text \n, text global tempText, text) / set global index to global index + number 1 / in list global data_list	对清单 data_list 中的数据进行遍历，将访问到的数据 content 拼接到原有文本前面，最终，tempText 保存是所有数据拼接后的效果。每访问一项，index 的值需要自加 1，其保存的是插入新数据时的位置
	set Label1.Text to global tempText	设置标签 Label1 的文本为拼接后的 tempText
最终模块拼接	ShowDataList arg / do set global tempText to text / set global index to number 1 / foreach variable name content / do set global tempText to call make text (text value content, text \n, text global tempText, text) / set global index to global index + number 1 / in list global data_list / set Label1.Text to global tempText	

③ 单击"输入"按钮，先判断文本框中输入的内容是否是数字，若是，则将文本框的内容插入到数据清单中，然后调用显示数据清单方法 ShowDataList，将插入新数据后的数据清单所有内容显示出来（这样就能即时看到输入数据后的数据清单情况）。同时通过 TinyDB1.StoreValue 方法将数据清单保存到数据库（TinyDB1）名为 score 的标签中，以后即使重新开启程序，也可以通过 score 读出数据库中对应的数据清单，从而实现保存数据的功能。最后将文本框内容清空，以便下次输入新的数据，如表 2-3-6 所示。

表 2-3-6

功能	单击输入按钮，将合法的数据存入数据库	
	代码模块	作用说明
事件	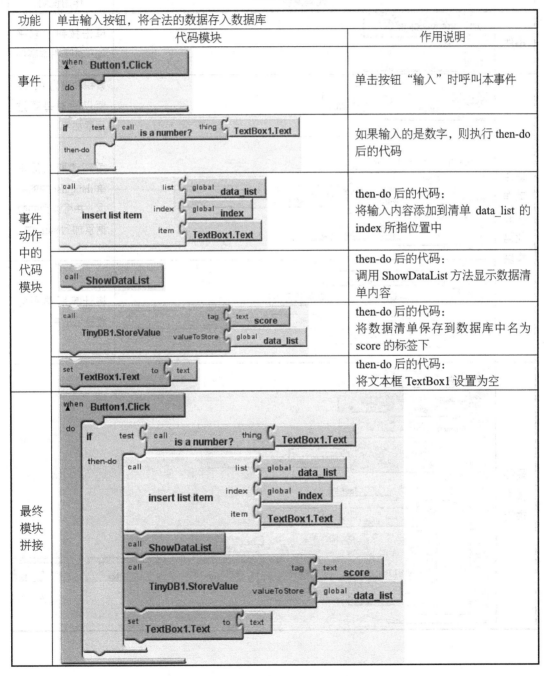	单击按钮"输入"时呼叫本事件
事件动作中的代码模块		如果输入的是数字，则执行 then-do 后的代码
		then-do 后的代码：将输入内容添加到清单 data_list 的 index 所指位置中
		then-do 后的代码：调用 ShowDataList 方法显示数据清单内容
		then-do 后的代码：将数据清单保存到数据库中名为 score 的标签下
		then-do 后的代码：将文本框 TextBox1 设置为空
最终模块拼接		

④ 单击"求平均"按钮，根据公式"平均值=总和/总个数"，先对数据列表中的所有数据求总和，为了避免数据列表为空（个数为 0）造成计算平均值时被除数为 0 的错误，在求平均值时，需要先判断个数 index-1 是否大于 0，即 index 是否大于 1，是才进行求平均值的操作，如表 2-3-7 所示。

表 2-3-7

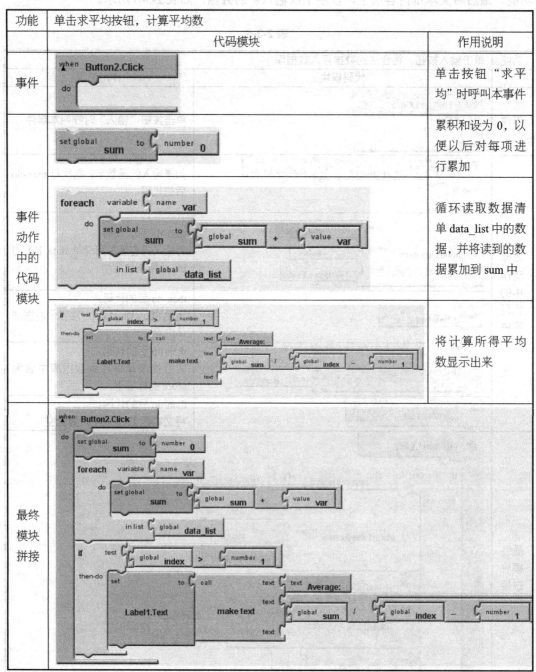

功能	单击求平均按钮，计算平均数	
	代码模块	作用说明
事件	when Button2.Click do	单击按钮"求平均"时呼叫本事件
事件动作中的代码模块	set global sum to number 0	累积和设为 0，以便以后对每项进行累加
	foreach variable name var do set global sum to global sum + value var in list global data_list	循环读取数据清单 data_list 中的数据，并将读到的数据累加到 sum 中
	if test global index > number 1 then-do set Label1.Text to call make text text Average: text global sum / global index - number 1 text	将计算所得平均数显示出来
最终模块拼接	when Button2.Click do set global sum to number 0 foreach variable name var do set global sum to global sum + value var in list global data_list if test global index > number 1 then-do set Label1.Text to call make text text Average: text global sum / global index - number 1 text	

⑤ 单击"清除数据"按钮，清空数据清单，如表 2-3-8 所示。

表 2-3-8

功能	单击"清除数据"按钮，清空数据清单	
	代码模块	作用说明
事件	when Button3.Click do	单击按钮"清除数据"时呼叫本事件
事件动作中的代码模块	call TinyDB1.StoreValue tag — text score valueToStore — text	设置数据库中标签为 score 的内容为空
	set global data_list to call make a list item	清空数据菜单
	call ShowDataList	调用 ShowDataList 方法显示数据清单内容
最终模块拼接	when Button3.Click do call TinyDB1.StoreValue tag — text score valueToStore — text set global data_list to call make a list item call ShowDataList	

⑥ 由于在程序中将数据清单保存到数据库名为 score 的标签中，所以，可以在启动程序屏幕初始化（Screen1.Initialize）时，先判断数据库名为 score 的标签是空的，还是一个清单，若是清单，则表明之前已经保存过数据清单，通过 TinyDB1.GetValue 方法将此列表读出，最后显示数据列表，如表 2-3-9 所示。

表 2-3-9

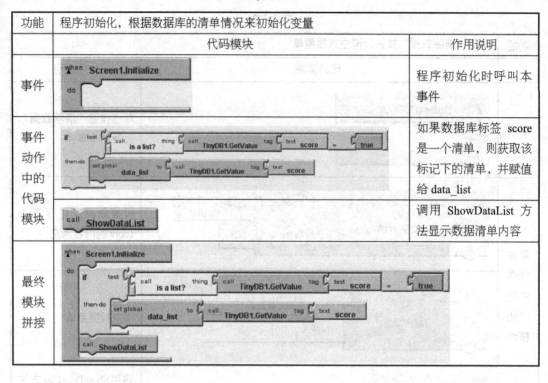

（5）项目运行

① 在图块编辑器中单击"New Emulator"新建一个模拟器，初始化完毕，单击"Connect to Device…"，选择"emulator-5554"，即可在模拟器上运行当前项目。

② 连接实体手机到计算机上，单击"Connect to Device…"，选择连接的手机，即可在实体手机上运行当前项目。

（6）拓展与提高

① 思考实现计算几何平均值。公式为 $X_g = \sqrt[n]{X_1 \times X_2 \times X_3 \times ... \times X_n}$。

② 思考根据科目（如语文、数学、英语）求算术平均值。

4. 单位转换器

（1）项目需求

单位转换是不同单位之间的数值转换。

本项目要求开发一个单位转换器程序，提供重量和长度两类单位的转换，能够让用户输入数据，选择要进行转换的单位，从而帮助用户快速实现单位间的数值转换。

运行效果如图 2-4-1 所示。流程图结构如图 2-4-2 所示。

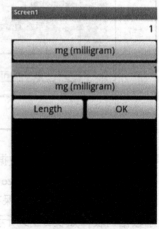

图 2-4-1

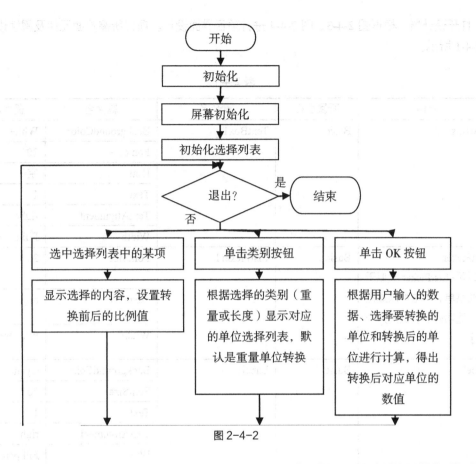

图 2-4-2

（2）项目素材

- 本项目无需其他素材。

（3）项目界面设计

新建项目 Transfer。项目设计界面如图 2-4-3 所示。元件结构如图 2-4-4 所示。

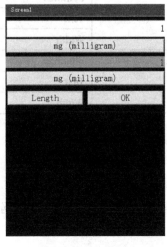

图 2-4-3

图 2-4-4

打开设计器，根据图 2-4-3、图 2-4-4 进行项目界面设计。项目所需界面元件及属性设置如表 2-4-1 所示。

表 2-4-1

元件	所属面板	重命名	属性名	属性值
TextBox	Basic	TextBox1	BackgroundColor	White
			FontSize	20
			Hint	空
			Text	1
			TextAlignment	right
			Width	Fill parent
ListPicker 【说明：ListPicker 类似于下拉菜单，单击可以弹出一个选项列表，供用户选择】	Basic	ListPicker1	FontSize	20
			Text	mg
			Width	Fill parent
Label	Basic	Label1	BackgroundColor	Cyan
			FontSize	20
			Text	1
			TextAlignment	right
			Width	Fill parent
ListPicker	Basic	ListPicker2	FontSize	20
			Text	mg
			Width	Fill parent
HorizontalArrangement	Screen Arrangement	HorizontalArrangement1	Width	Fill parent
Button	Basic	Button1	FontSize	20
			Text	Length
			Width	Fill parent
Button	Basic	Button2	FontSize	20
			Text	OK
			Width	Fill parent

（4）项目功能实现

打开图块编辑器，进行项目功能实现。

- 属性、事件清单（每个元件属性、事件具体含义请参考随书光盘或网上电子资源），如表 2-4-2 所示。

表 2-4-2

属性、事件模块	所属面板	作用说明
set ListPicker1.Elements to	My Blocks→ListPicker1	将清单或字符串的内容作为选择列表 ListPicker1 的项目
ListPicker1.Selection	My Blocks→ListPicker1	在选择列表 ListPicker1 中选择的项目
ListPicker1.SelectionIndex	My Blocks→ListPicker1	在选择列表 ListPicker1 中选择项目的位置索引
set ListPicker1.Text to	My Blocks→ListPicker1	显示在选择列表 ListPicker1 上的文字
set Label1.Text to	My Blocks→Label1	设置标签 Label1 的内容
set TextBox1.Text to	My Blocks→TextBox1	设置文本框 TextBox1 的内容
TextBox1.Text	My Blocks→TextBox1	取得文本框 TextBox1 的内容
set Button1.Text to	My Blocks→Button1	设置按钮 Button1 的内容
when Screen1.Initialize do	My Blocks→Screen1	应用程序一启动运行就同步呼叫本事件，本事件可用来初始化某些数据以及执行一些前置性操作
when ListPicker1.AfterPicking do	My Blocks→ListPicker1	用户单击选择列表 ListPicker1 中某项目后呼叫本事件
when Button1.Click do	My Blocks→Button1	单击类别按钮 Button1 时呼叫本事件
when Button2.Click do	My Blocks→Button2	单击 OK 按钮 Button2 时呼叫本事件

- 指令清单（每个指令具体含义请参考随书光盘或网上电子资源），如表 2-4-3 所示。

表 2-4-3

指令模块	所属面板	作用说明
def variable as	Built-In→Definition	定义变量。variable 是变量名，可以通过单击名字进行修改。as 后面可拼接的内容包括字符串、数字、清单、逻辑值等
global variable	My Blocks→My Definitions	取得全局变量 variable 的值。注意，variable 的名字若在定义变量时有修改过，那么这里会同步更新
set global variable to	My Blocks→My Definitions	设置全局变量 variable 的值。注意，variable 的名字若在定义变量时有修改过，那么这里会同步更新
to procedure arg do	Built-In→Definition	方法的定义。procedure 是方法名，可以通过单击名字进行修改。作用是将多个指令集合在一起，以后调用该方法时，被集合在其中的指令会按顺序依次执行
call procedure	My Blocks→My Definitions	方法的调用。注意，procedure 的名字若在定义方法时有修改过，那么这里会同步更新
name name	视用途而定	有 3 种用途 A. 作为定义方法时的参数存在。此时，需要在 Built-In→Definition 中选择此模块，参数个数没有限制，name 是参数名 B. 作为内置方法的参数存在。此时，调用内置方法时，若此方法有参数，则会自动带有默认名称的参数 C. 作为指令使用时的变量存在。比如，在使用 foreach 指令时，可以用 var 来保存每次访问到的数据。此时，指令会自动带有默认名称的变量 不管哪种情况，都可以通过单击来修改名字
value name	My Blocks→My Definitions	取得自定或内置方法参数的值，或取得指令运行时变量的值。注意，若在定义参数时有修改过名字，那么这里会同步更新
text text	Built-In→Text	字符串常量，默认值为 text。可以通过单击值来修改
call make a list item	Built-In→Lists	新建一个清单，并自行指定清单元素。若未指定任何元素，则此为一个空清单

指令模块	所属面板	作用说明
call select list item list index	Built-In→Lists	取得清单 list 指定位置 index 的元素内容，清单中第一个元素的位置为 1
number 123	Built-In→Math	数字常量，默认值为 123。可以通过单击值来修改
=	Built-In→Math	比较两个指定数字。如果相等返回 true，否则返回 false
×	Built-In→Math	对两个操作数进行求积。可以单击×号选择其他可操作的运算符
/	Built-In→Math	对两个操作数进行求商。例如 1/2 为 0.5，1/3 为 0.33333，3/1 为 3。可以单击/号选择其他可操作的运算符
ifelse test then-do else-do	Built-In→Control	条件语句，测试指定条件 test，若为 true 则执行 then-do 中的指令，反之则执行 else-do 中的指令

- 功能实现。

① 全局变量的定义，如表 2-4-4 所示。

表 2-4-4

功能	定义全局变量	
	代码模块	作用说明
定义变量	def a as number 0	a 是一个只能取值 0 或 1 的变量，默认是 0，表示选择了重量类别，1 表示选择了长度类别
	def b as number 0	用于保存根据类别选择后对应的二维列表
	def x as number 1	表示要转换的单位倍数
	def y as number 1	表示转换后的单位倍数，可以知道，y/x 是转换后的单位相对于转换前的单位比例，以后在进行数值转换时，只要将原始数值乘以 y/x 就可以得到转换后的数值

续表

功能	定义全局变量		
	代码模块		作用说明
定义变量	length	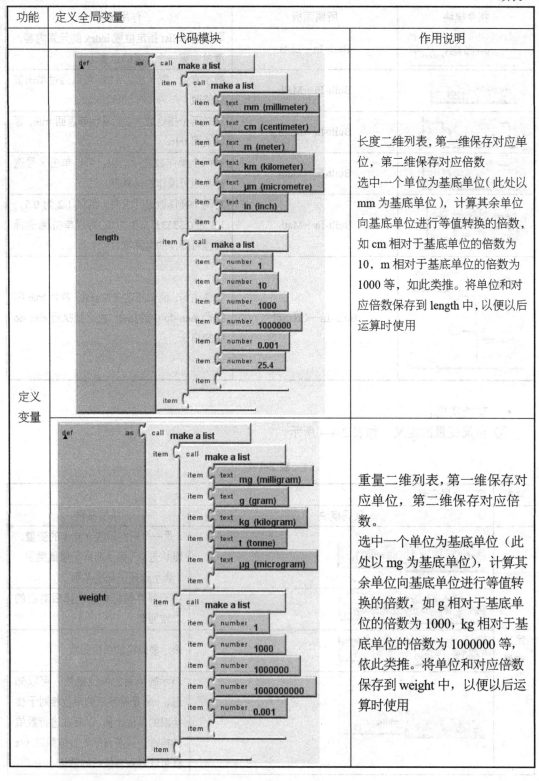	长度二维列表，第一维保存对应单位，第二维保存对应倍数 选中一个单位为基底单位（此处以 mm 为基底单位），计算其余单位向基底单位进行等值转换的倍数，如 cm 相对于基底单位的倍数为 10，m 相对于基底单位的倍数为 1000 等，如此类推。将单位和对应倍数保存到 length 中，以便以后运算时使用
	weight		重量二维列表，第一维保存对应单位，第二维保存对应倍数。 选中一个单位为基底单位（此处以 mg 为基底单位），计算其余单位向基底单位进行等值转换的倍数，如 g 相对于基底单位的倍数为 1000，kg 相对于基底单位的倍数为 1000000 等，依此类推。将单位和对应倍数保存到 weight 中，以便以后运算时使用

② 程序初始化时，默认选择重量类别，如表 2-4-5 所示。

表 2-4-5

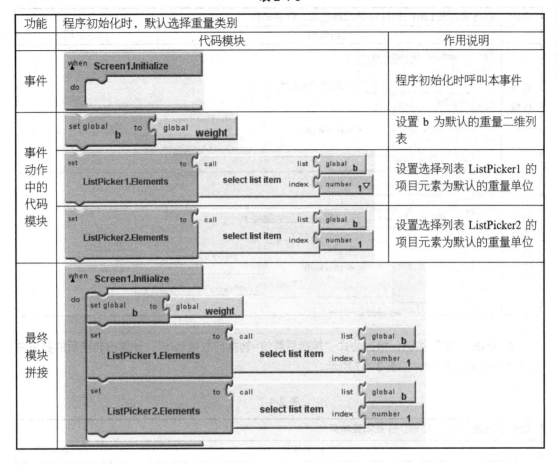

③ 在选择列表中选择了对应单位选项后,将选择列表的文本设为选择的选项,并将对应的倍数赋值给 x 和 y,如表 2-4-6 所示。

注意,由于 ListPicker2 与 ListPicker1 的处理类似,因此直接给出 ListPicker2 的代码模块。

表 2-4-6

功能	在选择列表 ListPicker1 中选择单位后,保存倍数	
	代码模块	作用说明
事件	when ListPicker1.AfterPicking do	用户单击选择列表 ListPicker1 中某项目后呼叫本事件
事件动作中的代码模块	set ListPicker1.Text to ListPicker1.Selection	设置选择列表 ListPicker1 的文本为选择的内容
	set global x to call select list item list call select list item list global b index number 2 index ListPicker1.SelectionIndex	将在选择列表 ListPicker1 中选择项目对应的倍数赋值给 x

功能	在选择列表 ListPicker1 中选择单位后,保存倍数	
	代码模块	作用说明
最终模块拼接	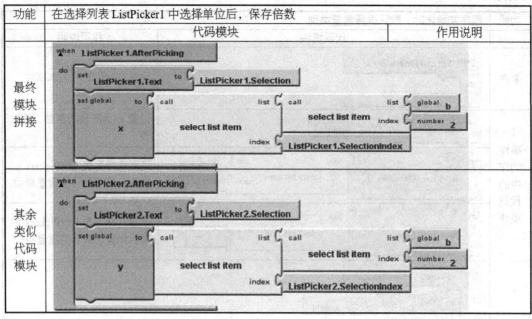	
其余类似代码模块		

④ 单击"OK"按钮,根据公式"转换后数值=转换前数值*y/x",计算出转换后的数值并显示在标签 Label1 中,如表 2-4-7 所示。

表 2-4-7

功能	单击"OK"按钮,计算换算结果	
	代码模块	作用说明
事件	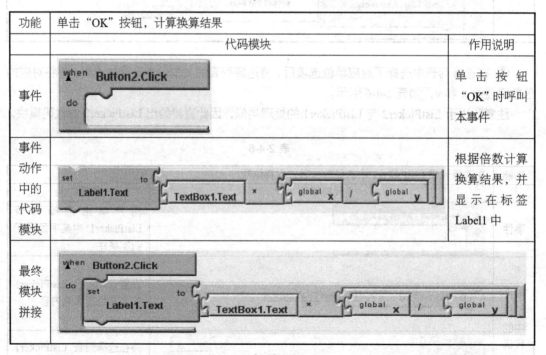	单击按钮"OK"时呼叫本事件
事件动作中的代码模块		根据倍数计算换算结果,并显示在标签 Label1 中
最终模块拼接		

⑤ 单击"Length"(或"Weight")按钮,则根据选择的单位类别进行重新设置相关内容,如单击"Legnth"按钮,将两个列表选择器的选项内容设置为对应的长度单位等,如表 2-4-8 所示。

表 2-4-8

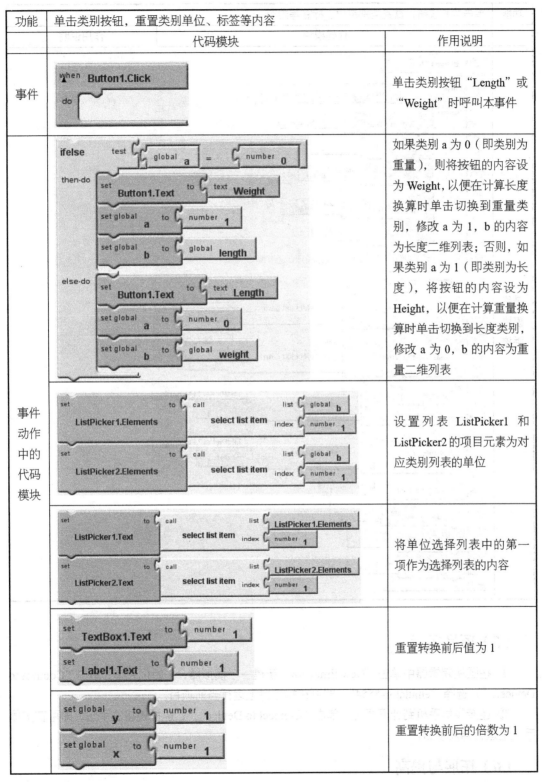

续表

功能	单击类别按钮，重置类别单位、标签等内容	
	代码模块	作用说明
最终模块拼接	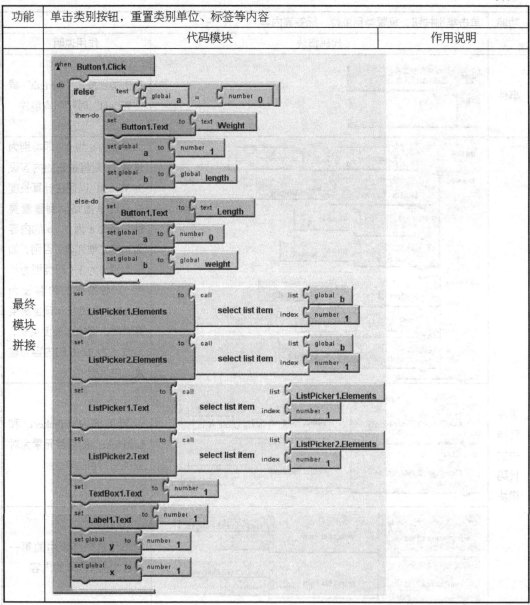	

（5）项目运行

① 在图块编辑器中单击"New Emulator"新建一个模拟器，初始化完毕，单击"Connect to Device..."，选择"emulator-5554"，即可在模拟器上运行当前项目。

② 连接实体手机到计算机上，单击"Connect to Device..."，选择连接的手机，即可在实体手机上运行当前项目。

（6）拓展与提高

- 思考实现更多的单位转换，如汇率转换。

5. BMI 健康指数

（1）项目需求

BMI 是一个衡量身体健康指数的中立可靠指标。计算公式为 BMI=体重(kg)/身高(m)^2。

本项目要求开发一个 BMI 健康指数程序，包括两个界面，第一个界面为登录界面，用户输入正确的密码（123）后才可以跳转到第二个界面，在第二个界面中，用户输入身高体重值，即可计算出 BMI，从而判断用户的健康情况，并给出建议。

运行效果如图 2-5-1、图 2-5-2、图 2-5-3 所示。流程图结构如图 2-5-4 所示。

图 2-5-1　　　　　　图 2-5-2　　　　　　图 2-5-3

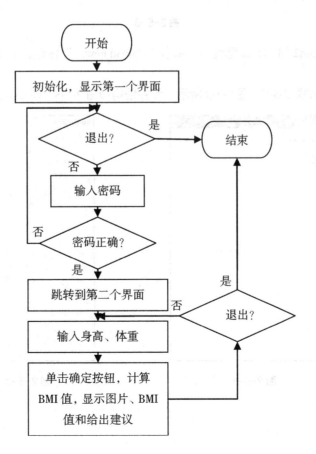

图 2-5-4

(2) 项目素材

- 素材路径：光盘/项目开发素材/5。
- 素材资源：thick.jpg（瘦削图片）、fit.jpg（适中图片）、fat.jpg（肥胖图片）。

(3) 项目界面设计

新建项目 BMI。

注意：

① 可以通过单击如图 2-5-5 所示的"Add Screen"按钮来添加新界面，弹出如图 2-5-6 所示对话框，对新增界面重命名，单击"OK"按钮即可添加新界面；

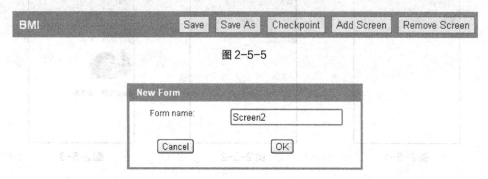

图 2-5-5

图 2-5-6

② 需要在 Screen2 的 Media 面板中，单击"Upload new…"按钮，上传 3 幅图片素材，以便后续使用。

项目设计界面如图 2-5-7、图 2-5-9 所示。元件结构如图 2-5-8、图 2-5-10 所示。

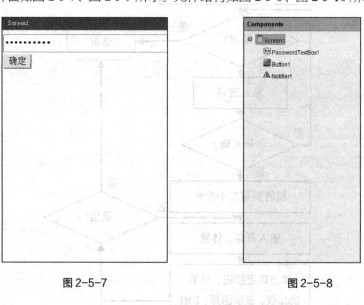

图 2-5-7　　　　　　　　　　图 2-5-8

图 2-5-9

图 2-5-10

打开设计器,根据图 2-5-7、图 2-5-9 进行项目界面设计。项目所需界面元件及属性设置如表 2-5-1 所示。

表 2-5-1

元件	所属面板	重命名	属性名	属性值
PasswordTextBox（Screen1）	Basic	PasswordTextBox1	FontSize	20
			Hint	请输入密码
			Width	Fill parent
Button（Screen1）	Basic	Button1	FontSize	20
			Text	确定
Notifier（Screen1） 【说明：Notifier 元件用于弹出消息框，显示消息内容等信息】	Other stuff	Notifier1		
TextBox（Screen2）	Basic	TextBox_Height	FontSize	20
			Hint	请输入身高（m）
			Width	Fill parent
TextBox（Screen2）	Basic	TextBox_Weight	FontSize	20
			Hint	请输入体重（kg）
			Width	Fill parent
Button（Screen2）	Basic	Button1	FontSize	20
			Text	确定
Image（Screen2） 【注意：Image 元件用于显示图片】	Basic	Image1		
Label（Screen2）	Basic	Label_Bmi	FontSize	20
			Text	空
Label（Screen2）	Basic	Label_Suggest	FontSize	20
			Text	空
Notifier（Screen2）	Other stuff	Notifier1		

（4）项目功能实现

打开图块编辑器，进行项目功能实现。

- 属性、事件、方法清单（每个元件属性、事件、方法具体含义请参考随书光盘或网上电子资源），如表 2-5-2 所示。

表 2-5-2

属性、事件、方法模块	所属面板	作用说明
PasswordTextBox1.Text	My Blocks→PasswordTextBox1	取得密码框 PasswordTextBox1 的内容
TextBox_Height.Text	My Blocks→TextBox_Height	设置文本框 TextBox_Height 的内容
set Label_Bmi.Text to	My Blocks→Label_Bmi	设置标签 Label_Bmi 的内容
set Image1.Picture to	My Blocks→Image1	设置图片 Image1 的显示图片
when Button1.Click do	My Blocks→Button1	单击"确定"或"计算 BMI"按钮 Button1 时呼叫本事件
call Notifier1.ShowAlert notice	My Blocks→Notifier1	弹出临时通知，几秒钟后自动消失。其中：notice 为通知的内容

- 指令清单（每个指令具体含义请参考随书光盘或网上电子资源），如表 2-5-3 所示。

表 2-5-3

指令模块	所属面板	作用说明
def variable as	Built-In→Definition	定义变量。variable 是变量名，可以通过单击名字进行修改。as 后面可拼接的内容包括字符串、数字、清单、逻辑值等
global variable	My Blocks→My Definitions	取得全局变量 variable 的值。注意，variable 的名字若在定义变量时有修改过，那么这里会同步更新
set global variable to	My Blocks→My Definitions	设置全局变量 variable 的值。注意，variable 的名字若在定义变量时有修改过，那么这里会同步更新

续表

指令模块	所属面板	作用说明
text text	Built-In→Text	字符串常量，默认值为 text。可以通过单击值来修改
number 123	Built-In→Math	数字常量，默认值为 123。可以通过单击值来修改
=	Built-In→Math	比较两个指定数字。如果相等返回 true，否则返回 false
>=	Built-In→Math	比较两个指定数字。如果前者大于等于后者返回 true，否则返回 false
<=	Built-In→Math	比较两个指定数字。如果前者小于后者返回 true，否则返回 false
×	Built-In→Math	对两个操作数进行求积。可以单击×号选择其他可操作的运算符
/	Built-In→Math	对两个操作数进行求商。例如 1/2 为 0.5，1/3 为 0.33333，3/1 为 3。可以单击/号选择其他可操作的运算符
call is a number? thing	Built-In→Math	指定对象 thing 如果为数字返回 true，否则返回 false
and test	Built-In→Logic	测试是否所有条件都为真。当插入第一个条件 test 时会自动增加第二个条件插槽。由上到下顺序测试，若测试过程中任一条件为假则停止测试，并返回 false。若所有条件都为真，则返回 true。若无任何条件也返回 true
ifelse test then-do else-do	Built-In→Control	条件语句，测试指定条件 test，若为 true 则执行 then-do 中的指令，反之则执行 else-do 中的指令
call open another screen screenName	Built-In→Control	打开另一个屏幕界面

- 功能实现。

① 单击"确定"按钮，判断密码是否为 123，是则跳转到第二个界面，否则弹出消息框提示密码错误，如表 2-5-4 所示。

表 2-5-4

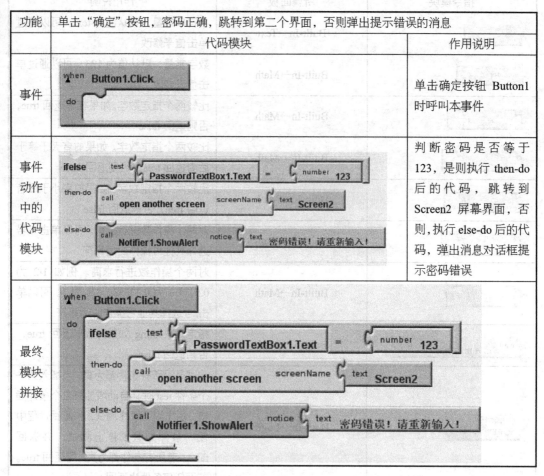

② 定义全局变量，如表 2-5-5 所示。

表 2-5-5

功能	定义全局变量	
	代码模块	作用说明
定义变量	def bmi as number 0	用于保存根据身高体重计算出来的结果，以在后续显示和判断健康情况时使用

③ 单击"计算 BMI"按钮时，先判断输入的身高体重是否为数字，若都是数字，则进行计算 BMI 的值，将值显示到 Label_Bmi 元件中，并根据 BMI 的值，显示图片和建议，否则，弹出消息框提示输入数字值，如表 2-5-6 所示。

表 2-5-6

功能	单击"计算 BMI"按钮,计算并显示 BMI 值,显示图片和建议	
	代码模块	作用说明
事件	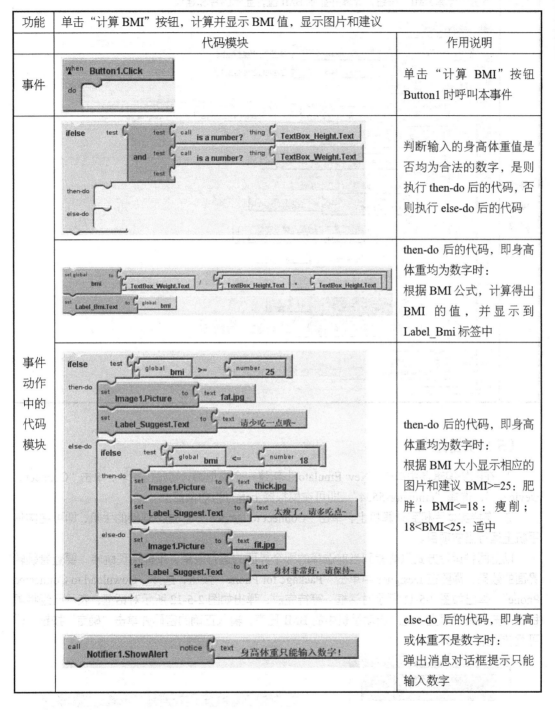	单击"计算 BMI"按钮 Button1 时呼叫本事件
事件动作中的代码模块		判断输入的身高体重值是否均为合法的数字,是则执行 then-do 后的代码,否则执行 else-do 后的代码
		then-do 后的代码,即身高体重均为数字时:根据 BMI 公式,计算得出 BMI 的值,并显示到 Label_Bmi 标签中
		then-do 后的代码,即身高体重均为数字时:根据 BMI 大小显示相应的图片和建议 BMI>=25:肥胖;BMI<=18:瘦削;18<BMI<25:适中
		else-do 后的代码,即身高或体重不是数字时:弹出消息对话框提示只能输入数字

功能	单击"计算 BMI"按钮,计算并显示 BMI 值,显示图片和建议
最终模块拼接	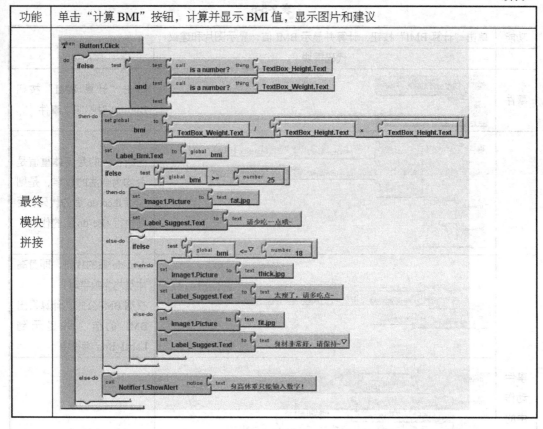

(5) 项目运行

① 在图块编辑器中单击"New Emulator"新建一个模拟器,初始化完毕,单击"Connect to Device…",选择"emulator-5554",即可在模拟器上运行当前项目。

② 连接实体手机到计算机上,单击"Connect to Device…",选择连接的手机,即可在实体手机上运行当前项目。

以上两种运行方式只能看到当前选择的那个界面的运行效果,不能实现跳转。要查看跳转界面的效果,需要在 Designer 中单击"Package for Phone"按钮,选择"Download to Connected Phone",弹出如图 2-5-11 所示对话框,等待完成,弹出如图 2-5-12 所示对话框,表示已经将项目成功安装到手机上。此时启动手机中的 BMI 程序,输入正确的密码并单击"确定"按钮,即可跳转到第二个界面。

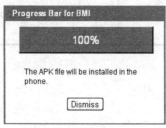

图 2-5-11

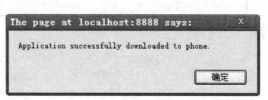

图 2-5-12

（6）拓展与提高

将此项目改为 3 个界面实现。第一个界面仍然是输入正确密码，单击按钮可跳转到第二个界面；第二界面输入身高体重，单击按钮可计算 BMI 值并跳转到第三个界面；第三个界面根据第二个界面中的 BMI 值显示图片、结果和建议。

注意：从第一界面跳转到第二个界面，无需传递数据；从第二界面跳转到第三个界面，需传递数据。

6. 短信接收和发送

（1）项目需求

短信功能是手机中最基本的功能，能够完成文字的接收和发送。

本项目要求开发一个短信接收和发送程序，能显示接收到的短信并实现自动回复，也可以手动回复发送短信。

运行效果如图 2-6-1 所示。流程图结构如图 2-6-2 所示。

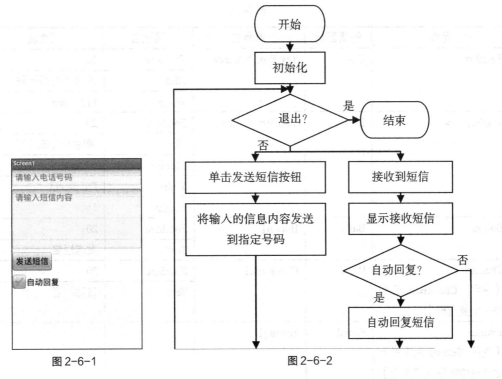

图 2-6-1　　　　　　　　图 2-6-2

（2）项目素材

- 本项目无需其他素材。

（3）项目界面设计

新建项目 Messagee。项目设计界面如图 2-6-3 所示。元件结构如图 2-6-4 所示。

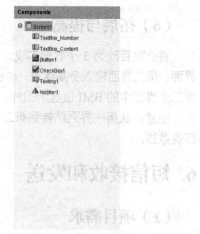

图 2-6-3   图 2-6-4

打开设计器，根据图 2-6-3 和图 2-6-4 进行项目界面设计。项目所需界面元件及属性设置如表 2-6-1 所示。

表 2-6-1

元件	所属面板	重命名	属性名	属性值
TextBox	Basic	TextBox_Number	FontSize	20
			Hint	请输入电话号码
			Width	Fill parent
TextBox	Basic	TextBox_Content	FontSize	20
			Hint	请输入短信内容
			MultiLine	勾选
			Width	Fill parent
			Height	150
Button	Basic	Button1	FontSize	20
			Text	发送短信
CheckBox 【说明：CheckBox 元件是一个复选框】	Basic	CheckBox1	FontSize	20
			Text	自动回复
Texting 【说明：Texting 元件用于管理短信的接收和发送】	Social	Texting1		

（4）项目功能实现

打开图块编辑器，进行项目功能实现。

- 属性、事件、方法清单（每个元件属性、事件、方法具体含义请参考随书光盘或网上电子资源），如表 2-6-2 所示。

表 2-6-2

属性、事件、方法模块	所属面板	作用说明
set TextBox_Number.Text to	My Blocks→ TextBox_Number	设置文本框 TextBox_Number 的内容
TextBox_Number.Text	My Blocks→ TextBox_Number	取得文本框 TextBox_Number 的内容
CheckBox1.Checked	My Blocks→ CheckBox1	设置复选框 CheckBox1 状态。true 表示选中，false 表示取消选中
set Texting1.PhoneNumber to	My Blocks→ Texting1	设置短信 Texting1 欲发送短信的电话号码
set Texting1.Message to	My Blocks→ Texting1	设置短信 Texting1 欲发送的短信内容
when Button1.Click do	My Blocks→ Button1	单击"发送短信"按钮 Button1 时呼叫本事件
when Texting1.MessageReceived number name number messageText name messageText do	My Blocks→ Texting1	短信 Texting1 收到短信时呼叫本事件。其中：number 代表寄件人电话号码，message 代表短信内容
call Texting1.SendMessage	My Blocks→ Texting1	短信 Texting1 向 PhoneNumber 属性指定的电话号码发送一条短信，短信内容在 Message 属性中设置
call Notifier1.ShowAlert notice	My Blocks→ Notifier1	弹出临时通知，几秒钟后自动消失。其中，notice 为通知的内容

- 指令清单（每个指令具体含义请参考随书光盘或网上电子资源），如表 2-6-3 所示。

表 2-6-3

指令模块	所属面板	作用说明
name name	视用途而定	有 3 种用途。 A. 作为定义方法时的参数存在。此时，需要在 Built-In→Definition 中选择此模块，参数个数没有限制，name 是参数名。 B. 作为内置方法的参数存在。此时，调用内置方法时，若此方法有参数，则会自动带有默认名称的参数。 C. 作为指令使用时的变量存在。比如，在使用 foreach 指令时，可以使用 var 来保存每次访问到的数据。此时，指令会自动带有默认名称的变量。不管哪种情况，都可以通过单击来修改名字
value name	My Blocks→My Definitions	取得自定或内置方法参数的值，或取得指令运行时变量的值。注意，若在定义参数时有修改过名字，那么这里会同步更新
text text	Built-In→Text	字符串常量，值为 text。可以通过单击值来修改
=	Built-In→Math	比较两个指定数字。如果相等返回 true，否则返回 false
true	Built-In→Logic	布尔类型常数的真。用来设置元件的布尔属性值，或用来表示某种状况的变量值
if test then-do	Built-In→Control	测试指定条件 test，若为 true 则执行 then-do 中的指令，反之则跳过此代码块

- 功能实现。

① 单击"发送短信"按钮，将输入的短信内容发送到指定的电话号码，如表 2-6-4 所示。

表 2-6-4

功能	单击"发送短信"按钮，发送短信	
	代码模块	作用说明
事件	when Button1.Click do	单击"发送短信"按钮 Button1 时呼叫本事件

功能	单击"发送短信"按钮，发送短信	
	代码模块	作用说明
事件动作中的代码模块	set Texting1.PhoneNumber to TextBox_Number.Text	设置短信 Texing1 欲发送短信的电话号码为文本框 TextBox_Number 的内容
	set Texting1.Message to TextBox_Content.Text	设置短信 Texing1 欲发送短信的内容为文本框 TextBox_Content 的内容
	call Texting1.SendMessage	短信 Texing1 向 PhoneNumber 属性指定的电话号码发送一条内容在 Message 属性中设置的短信
最终模块拼接	when Button1.Click do / set Texting1.PhoneNumber to TextBox_Number.Text / set Texting1.Message to TextBox_Content.Text / call Texting1.SendMessage	

② 接收到短信，弹出消息框提示接收到短信，并将接收短信显示到文本框中，若当前勾选了自动回复，则将自动回复短信，如表 2-6-5 所示。

表 2-6-5

功能	接收到短信，提示接收到短信，显示发送号码和短信内容，判断是否设置了自动回复，是则自动回复短信	
	代码模块	作用说明
事件	when Texting1.MessageReceived number name number / messageText name messageText do	短信 Texting1 收到短信时呼叫本事件。其中，number 代表寄件人电话号码，message 代表短信内容
事件动作中的代码模块	call Notifier1.ShowAlert notice text 接收到短信！	弹出消息对话框提示收到短信
	set TextBox_Number.Text to value number / set TextBox_Content.Text to value messageText	设置文本框 TextBox_Number 和 TextBox_Content 的内容为发送电话号码和短信内容

续表

功能	接收到短信，提示接收到短信，显示发送号码和短信内容，判断是否设置了自动回复，是则自动回复短信	
	代码模块	作用说明
事件动作中的代码模块	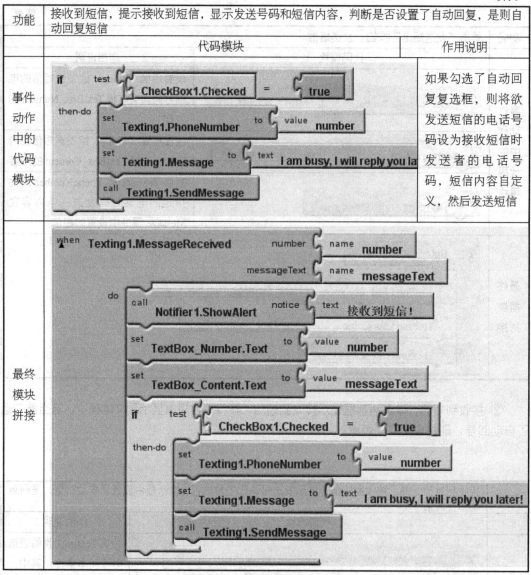	如果勾选了自动回复复选框，则将欲发送短信的电话号码设为接收短信时发送者的电话号码，短信内容自定义，然后发送短信
最终模块拼接		

（5）项目运行

① 要实现短信的接收和发送，因此至少需要两个模拟器才能模拟短信接收和发送的动作。在图块编辑器中单击两次"New Emulator"新建两个模拟器，初始化完毕，单击"Connect to Device…"，选择"emulator-5554"，即可在名为 5554 的模拟器上运行当前项目。每个模拟器对应的电话号码为模拟器上方的数字串，如 5554、5556 等。

② 连接实体手机到计算机上，单击"Connect to Device…"，选择连接的手机，即可在实体手机上运行当前项目。

（6）拓展与提高

提供可以修改自动回复短信内容的功能。

7. 通讯录应用

（1）项目需求

通讯录用于管理手机中联系人的信息，包括联系人的姓名、图片、电话号码等。

本项目要求开发一个通讯录程序，能帮助用户从通讯录中找到要拨号的联系人，显示联系人的信息，并提供拨号功能以便快速进行拨号。

运行效果如图 2-7-1、图 2-7-2、图 2-7-3 所示。流程图结构如图 2-7-4 所示。

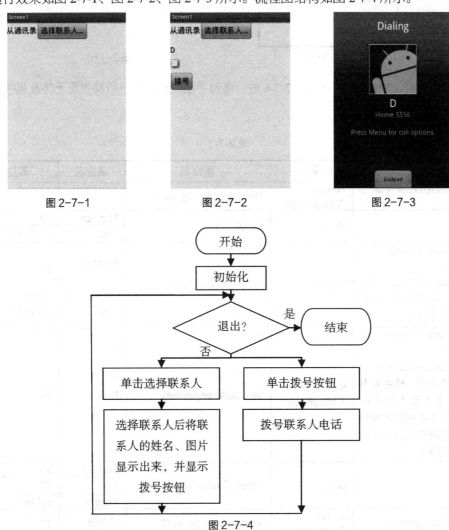

图 2-7-1　　　　　图 2-7-2　　　　　图 2-7-3

图 2-7-4

（2）项目素材

- 本项目无需其他素材。

（3）项目界面设计

新建项目 Contact。项目设计界面如图 2-7-5 所示，元件结构如图 2-7-6 所示。

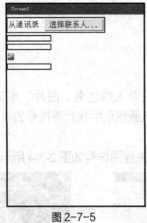

图 2-7-5   图 2-7-6

打开设计器，根据图 2-7-5、图 2-7-6 进行项目界面设计。项目所需界面元件及属性设置如表 2-7-1 所示。

表 2-7-1

元件	所属面板	重命名	属性名	属性值
HorizontalArrangement	Screen Arrangement	HorizontalArrangement1		
Label	Basic	Label_Tip	FontSize	20
			Text	从通讯录
PhoneNumberPicker 【说明：PhoneNumberPicker 元件用于弹出通讯录列表，显示所有联系人】	Social	PhoneNumberPicker	FontSize	20
			Text	选择联系人…
VerticalArrangement 【说明：VerticalArrangement 用于垂直线性布局，放在其中的组件由上至下顺序排放，此处不是用来布局元件，而是用来控制行与行之间的间隔】	Screen Arrangement	VerticalArrangement1	Height	10
Label	Basic	Label_ContactName	FontSize	20
			Text	空
			Visible	hidden
VerticalArrangement	Screen Arrangement	VerticalArrangement2	Height	10
Image	Basic	ContactImage		
VerticalArrangement	Screen Arrangement	VerticalArrangement3	Height	10
Button	Basic	Button_Call	FontSize	20
			Text	拨号
			Visible	hidden
PhoneCall 【说明：PhoneCall 元件实现拨号功能】	Social	PhoneCall		

（4）项目功能实现

打开图块编辑器，进行项目功能实现。

- 属性、事件、方法清单（每个元件属性、事件、方法具体含义请参考随书光盘或网上电子资源），如表 2-7-2 所示。

表 2-7-2

属性、事件、方法模块	所属面板	作用说明
set Label_ContactName.Text to	My Blocks→ Label_ContactName	设置标签 Label_ContactName 的内容
set Label_ContactName.Visible to	My Blocks→ Label_ContactName	设置标签 Label_ContactName 的可见性。true 表示可见，false 表示不可见
set Button_Call.Visible to	My Blocks→ Button_Call	设置 Button_Call 的可见性。true 表示可见，false 表示不可见
set ContactImage.Picture to	My Blocks→ ContactImage	设置 ContactImage 的图片
PhoneNumberPicker.PhoneNumber	My Blocks→ PhoneNumberPicker	取得联络人的电话号码
PhoneNumberPicker.Picture	My Blocks→ PhoneNumberPicker	取得联络人大头照
set PhoneCall.PhoneNumber to	My Blocks→ PhoneCall	设置要拨打的电话号码
when PhoneNumberPicker.AfterPicking do	My Blocks→ PhoneNumberPicker	用户单击电话号码选择器中某项目后呼叫本事件
when Button_Call.Click do	My Blocks→ Button_Call	单击拨号按钮 Button_Call 时呼叫本事件
call PhoneCall.MakePhoneCall	My Blocks→ PhoneCall	对 PhoneNumber 属性中指定的电话号码拨打一通电话

- 指令清单（每个指令具体含义请参考随书光盘或网上电子资源），如表 2-7-3 所示。

表 2-7-3

指令模块	所属面板	作用说明
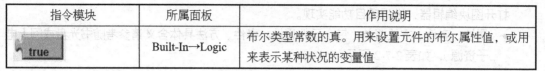	Built-In→Logic	布尔类型常数的真。用来设置元件的布尔属性值，或用来表示某种状况的变量值

- 功能实现。

① 单击"选择联系人…"，弹出通讯录中的联系人，让用户选择联系人，选择完后，将选择的联系人电话号码赋值给 PhoneCall 元件以便拨号时使用，并且将选择的联系人姓名、大头照显示出来，同时显示"拨号"按钮，如表 2-7-4 所示。

表 2-7-4

功能	单击"选择联系人…"，选择联系人，保存电话号码，显示联系人的姓名和大头照，设置拨号按钮可见	
	代码模块	作用说明
事件	when PhoneNumberPicker.AfterPicking do	用户单击电话号码选择器中某项目后呼叫本事件
事件动作中的代码模块	set PhoneCall.PhoneNumber to PhoneNumberPicker.PhoneNumber	设置 PhoneCall 的电话号码为选择的联系人的电话号码
	set ContactImage.Picture to PhoneNumberPicker.Picture	设置 ContactImage 的图片为选择的联系人的大头照
	set Button_Call.Visible to true	显示 Button_Call 拨号按钮
	set Label_ContactName.Text to PhoneNumberPicker.ContactName	设置 Label_ContactName 标签内容为选择的联系人的姓名
	set Label_ContactName.Visible to true	显示 Label_ContactName 标签
最终模块拼接	when PhoneNumberPicker.AfterPicking do　set PhoneCall.PhoneNumber to PhoneNumberPicker.PhoneNumber　set ContactImage.Picture to PhoneNumberPicker.Picture　set Button_Call.Visible to true　set Label_ContactName.Text to PhoneNumberPicker.ContactName　set Label_ContactName.Visible to true	

② 单击"拨号"按钮，对选择的联系人进行拨号，如表 2-7-5 所示。

表 2-7-5

功能	单击"拨号"按钮，进行拨号	
	代码模块	作用说明
事件	when Button_Call.Click do	单击"拨号"按钮时呼叫本事件
事件动作中的代码模块	call PhoneCall.MakePhoneCall	对 PhoneNumber 属性中指定的电话号码拨打一通电话
最终模块拼接	when Button_Call.Click do call PhoneCall.MakePhoneCall	

（5）项目运行

① 在图块编辑器中单击"New Emulator"新建一个模拟器，初始化完毕，单击"Connect to Device..."，选择"emulator-5554"，即可在模拟器上运行当前项目。

② 连接实体手机到计算机上，单击"Connect to Device..."，选择连接的手机，即可在实体手机上运行当前项目。

注意，要运行本项目，需要在对应模拟器上添加联系人信息（至少要添加姓名和电话号码）。步骤是：在模拟器上，单击主界面按钮，单击程序列表按钮，选择 Contacts 图标，单击 Menu 按钮，在弹出的菜单中选择"New contact"选项，在弹出的界面中输入新增联系人的信息，单击"Done"按钮即可。若要编辑已有联系人信息，只要长按对应联系人，选择"Edit contact"选项即可对已有联系人信息进行修改。

（6）拓展与提高

提供发送短信功能。

8. 语言学习机

（1）项目需求

语言学习机是复读机的数码化产品。

本项目要求开发一个语言学习机程序，能让用户选择语种、输入要学习的单词或语句，程序能按语种读出输入的内容，帮助用户有效地进行语言学习。

运行效果如图 2-8-1 所示。流程图结构如图 2-8-2 所示。

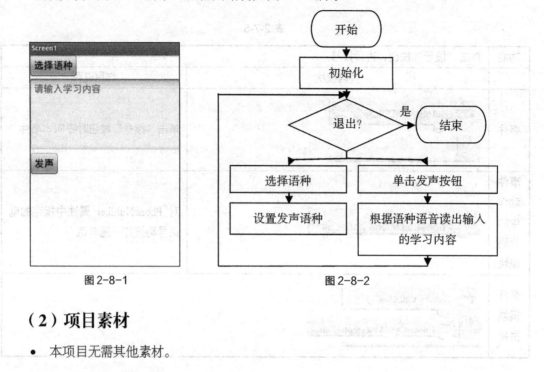

图 2-8-1　　　　　　　　　　　图 2-8-2

（2）项目素材

- 本项目无需其他素材。

（3）项目界面设计

新建项目 LanLearn。项目设计界面如图 2-8-3 所示。元件结构如图 2-8-4 所示。

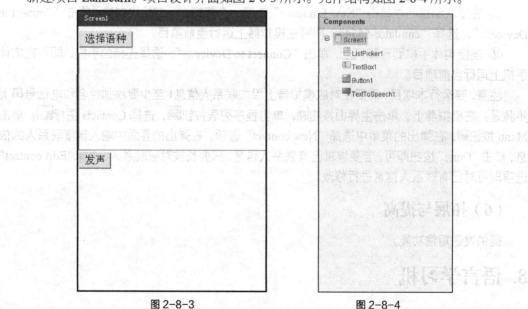

图 2-8-3　　　　　　　　　　　图 2-8-4

打开设计器，根据图 2-8-3、图 2-8-4 进行项目界面设计。项目所需界面元件及属性设置如表 2-8-1 所示。

表 2-8-1

元件	所属面板	重命名	属性名	属性值
ListPicker	Basic	ListPicker1	FontSize	20
			Text	选择语种
TextBox	Basic	TextBox1	FontSize	20
			Hint	请输入学习内容
			MultiLine	勾选
			Width	Fill parent
			Height	150
Button	Basic	Button1	FontSize	20
			Text	发声
TextToSpeech 【说明：TextToSpeech 元件用于将文本转换成语音】	Other stuff	TextToSpeech		

（4）项目功能实现

打开图块编辑器，进行项目功能实现。

- 属性、事件、方法清单（每个元件属性、事件、方法具体含义请参考随书光盘或网上电子资源），如表 2-8-2 所示。

表 2-8-2

属性、事件、方法模块	所属面板	作用说明
TextBox1.Text	My Blocks→TextBox1	取得文本框 TextBox1 的内容
set ListPicker1.Elements to	My Blocks→ListPicker1	将清单或字符串的内容作为选择列表 ListPicker1 的项目
ListPicker1.Selection	My Blocks→ListPicker1	在选择列表 ListPicker1 中选择的项目
set TextToSpeech1.Language to	My Blocks→TextToSpeech1	设置语音输出的语言代码
when ListPicker1.BeforePicking do	My Blocks→ListPicker1	用户单击选择列表 ListPicker1，但还没单击某项目时呼叫本事件
when ListPicker1.AfterPicking do	My Blocks→ListPicker1	用户单击选择列表 ListPicker1 中某项目后呼叫本事件
when Button1.Click do	My Blocks→Button1	单击"发声"按钮 Button1 时呼叫本事件
call TextToSpeech1.Speak message	My Blocks→TextToSpeech1	读出指定文字信息

- 指令清单（每个指令具体含义请参考随书光盘或网上电子资源），如表 2-8-3 所示。

表 2-8-3

指令模块	所属面板	作用说明
def variable as	Built-In→Definition	定义变量。variable 是变量名，可以通过单击名字进行修改。as 后面可拼接的内容包括字符串、数字、清单、逻辑值等
global variable	My Blocks→My Definitions	取得全局变量 variable 的值。注意，variable 的名字若在定义变量时有修改过，那么这里会同步更新
set global variable to	My Blocks→My Definitions	设置全局变量 variable 的值。注意，variable 的名字若在定义变量时有修改过，那么这里会同步更新
text text	Built-In→Text	字符串常量，默认值为 text。可以通过单击值来修改
call make a list item	Built-In→Lists	新建一个清单，并自行指定清单元素。若未指定任何元素，则此为一个空清单

- 功能实现。

① 定义全局变量，如表 2-8-4 所示。

表 2-8-4

功能	定义全局变量	
	代码模块	作用说明
定义变量	def language as call make a list item text eng item text ita item text fra item text deu item	定义语言清单 language，用于保存"选择语种"选择列表的选项内容，初始化清单内容，包含 4 个元素，分别是 eng、ita、fra、deu。注意，采用每种语言的英文前 3 个字母作为语言类别，如 eng 表示 english（英语）

② 初始化选择列表的选项内容，即在对 ListPicker1 进行选择之前（对应事件为 ListPicker1.BeforePicking），将以上定义的 language 作为 ListPicker1 的选项内容，如表 2-8-5 所示。

表 2-8-5

功能	单击选择列表进行选择项目前，先初始化选择列表	
	代码模块	作用说明
事件	when ListPicker1.BeforePicking do	用户单击选择列表 ListPicker1，但还没单击某项目时呼叫本事件
事件动作中的代码模块	set ListPicker1.Elements to global language	设置选择列表的选项内容为全局变量 language 的清单内容
最终模块拼接	when ListPicker1.BeforePicking do set ListPicker1.Elements to global language	

③ 根据选择的语种设置 TextToSpeech1 的发声语言，即在对 ListPicker1 进行选择之后（对应事件为 ListPicker1.AfterPicking），将选择的语言选项作为 TextToSpeech1 的发声语言，如表 2-8-6 所示。

表 2-8-6

功能	选择选择列表 ListPicker1 某项后，设置语言	
	代码模块	作用说明
事件	when ListPicker1.AfterPicking do	用户单击选择列表 ListPicker1 中某项目后呼叫本事件
事件动作中的代码模块	set TextToSpeech1.Language to ListPicker1.Selection	设置语音输出的语言代码为所选项
最终模块拼接	when ListPicker1.AfterPicking do set TextToSpeech1.Language to ListPicker1.Selection	

④ 单击"发声"按钮，根据选择的语种读出输入的文本内容，如表 2-8-7 所示。

表 2-8-7

功能	单击"发声"按钮，读出语音信息	
	代码模块	作用说明
事件	when Button1.Click do	单击"发声"按钮 Button1 时呼叫本事件
事件动作中的代码模块	call TextToSpeech1.Speak message TextBox1.Text	把文本框 TextBox1 的内容用语音读出来
最终模块拼接	when Button1.Click do call TextToSpeech1.Speak message TextBox1.Text	

（5）项目运行

① 在图块编辑器中单击"New Emulator"新建一个模拟器，初始化完毕，单击"Connect to Device…"，选择"emulator-5554"，即可在模拟器上运行当前项目。

② 连接实体手机到计算机上，单击"Connect to Device…"，选择连接的手机，即可在实体手机上运行当前项目。

（6）拓展与提高

提供单词解释功能。

9. 音乐播放器

（1）项目需求

音乐播放器能够对音乐进行播放、停止播放等管理。

本项目要求开发一个音乐播放器程序，提供 3 个功能，即停止播放音乐、播放音乐、播放下一首音乐。

运行效果如图 2-9-1 所示。流程图结构如图 2-9-2 所示。

图 2-9-1

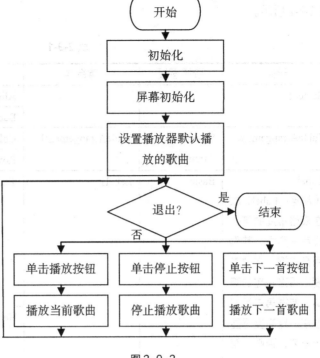

图 2-9-2

（2）项目素材

- 素材路径：光盘/项目开发素材/9。
- 素材资源：background.jpg（背景图片）、s.png（停止按钮）、p.png（播放按钮）、n.png（下一首按钮），3 个音乐文件：music1.mp3、music2.mp3、music3.mp3。

（3）项目界面设计

新建项目 Music。项目设计界面如图 2-9-3 所示。元件结构如图 2-9-4 所示。

图 2-9-3

图 2-9-4

打开设计器,根据图 2-9-3、图 2-9-4 进行项目界面设计。项目所需界面元件及属性设置如表 2-9-1 所示。

表 2-9-1

元件	所属面板	重命名	属性名	属性值
Screen1			AlignHorizontal	Center
			BackgroundImage	background.jpg
TableArrangement	Screen Arrangement	TableArrangement1	Columns	3
			Rows	2
Label 【注意:Label1 放在表格布局的第一行第一列中,其作用是占据一定的高度,留出一定的距离,使得第二行能够在一定高度下显示出来,否则,第二行的 3 个按钮会由于第一行没有内容而向上显示】	Basic	Label1	Text	空
			Height	320
Button	Basic	Stop	Image	s.png
			Text	空
Button	Basic	Play	Image	p.png
			Text	空
Button	Basic	Next	Image	n.png
			Text	空
Player 【说明:Player 元件用于管理长音频。与 Sound 不同,Sound 用于管理短音频】	Media	Player1		

(4)项目功能实现

打开图块编辑器,进行项目功能实现。

- 属性、事件、方法清单(每个元件属性、事件、方法具体含义请参考随书光盘或网上电子资源),如表 2-9-2 所示。

表 2-9-2

属性、事件、方法模块	所属面板	作用说明
set Player1.Source to	My Blocks→Player1	设置要播放的资源文件
when Screen1.Initialize do	My Blocks→Screen1	应用程序一启动运行就同步呼叫本事件，本事件可用来初始化某些数据以及执行一些前置性操作
when Play.Click do	My Blocks→Play	单击播放按钮 Play 时呼叫本事件
when Stop.Click do	My Blocks→Stop	单击停止按钮 Stop 时呼叫本事件
when Next.Click do	My Blocks→Click	单击下一首按钮 Next 时呼叫本事件
call Player1.Start	My Blocks→Player1	开始播放声音
call Player1.Stop	My Blocks→Player1	停止播放声音

- 指令清单（每个指令具体含义请参考随书光盘或网上电子资源），如表 2-9-3 所示。

表 2-9-3

指令模块	所属面板	作用说明
def variable as	Built-In→Definition	定义变量。variable 是变量名，可以通过单击名字进行修改。as 后面可拼接的内容包括字符串、数字、清单、逻辑值等
global variable	My Blocks→My Definitions	取得全局变量 variable 的值。注意，variable 的名字若在定义变量时有修改过，那么这里会同步更新
set global variable to	My Blocks→My Definitions	设置全局变量 variable 的值。注意，variable 的名字若在定义变量时有修改过，那么这里会同步更新
to procedure arg do	Built-In→Definition	方法的定义。procedure 是方法名，可以通过单击名字进行修改。作用是将多个指令集合在一起，以后调用该方法时，被集合在其中的指令会按顺序依次执行

续表

指令模块	所属面板	作用说明
call procedure	My Blocks→My Definitions	方法的调用。注意，procedure 的名字若在定义方法时有修改过，那么这里会同步更新
text text	Built-In→Text	字符串常量，默认值为 text。可以通过单击值来修改
join	Built-In→Text	将两个指定字符串连接成一个新的字符串
number 123	Built-In→Math	数字常量，默认值为 123。可以通过单击值来修改
>	Built-In→Math	比较两个指定数字。如果前者大于后者返回 true，否则返回 false
+	Built-In→Math	对两个操作数进行求和。可以单击＋号选择其他可操作的运算符
if test then-do	Built-In→Control	条件语句，测试指定条件 test，若为 true 则执行 then-do 中的指令，反之则跳过此代码块

- 功能实现。

① 定义全局变量，如表 2-9-4 所示。

表 2-9-4

功能	定义全局变量	
	代码模块	作用说明
定义变量	def i as number 1	表示默认播放第一首歌。在对歌曲命名时，要有规律地命名，如 music1、music2、music3，这里的 i 就是用于保存歌曲名称的序列号

② 程序初始化时，将播放器 Player1 的播放音频设为第一首歌曲，如表 2-9-5 所示。

表 2-9-5

功能	程序初始化时，设置 Player1 的音频资源	
	代码模块	作用说明
事件	when Screen1.Initialize do	程序初始化时呼叫本事件

功能	程序初始化时，设置 Player1 的音频资源	
	代码模块	作用说明
事件动作中的代码模块	 set Player1.Source to text music1.mp3	设置播放器 Player1 的音频为第一首歌曲
最终模块拼接	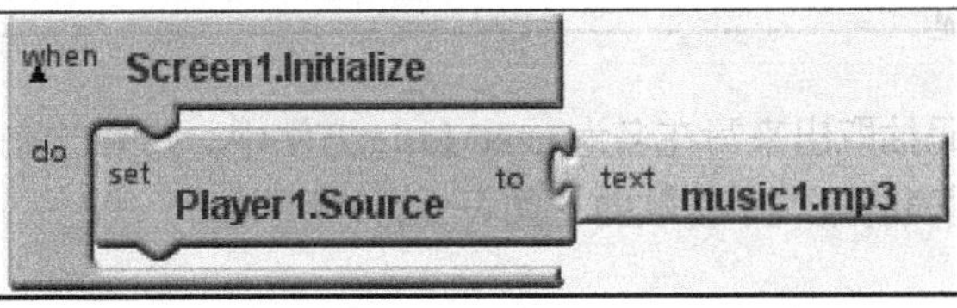 when Screen1.Initialize do set Player1.Source to text music1.mp3	

③ 单击"播放"按钮，播放歌曲音乐，如表 2-9-6 所示。

表 2-9-6

功能	单击"播放"按钮，播放歌曲	
	代码模块	作用说明
事件	 when Play.Click do	单击"播放"按钮 Play 时呼叫本事件
事件动作中的代码模块	 call Player1.Start	开始播放歌曲
最终模块拼接	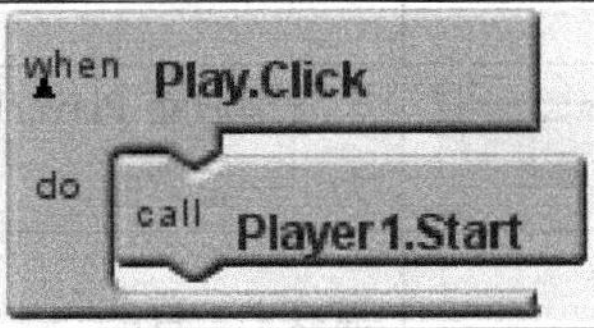 when Play.Click do call Player1.Start	

④ 单击"停止"按钮，停止播放歌曲音乐，如表 2-9-7 所示。

表 2-9-7

功能	单击"停止"按钮，停止播放歌曲	
	代码模块	作用说明
事件	 when Stop.Click do	单击"停止"按钮 Stop 时呼叫本事件

续表

功能	单击"停止"按钮，停止播放歌曲	
	代码模块	作用说明
事件动作中的代码模块		停止播放歌曲
最终模块拼接		

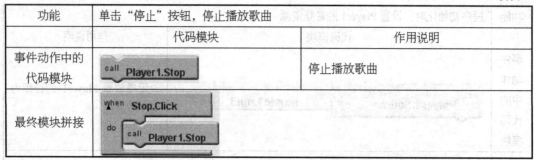

⑤ 我们将播放下一首歌曲的代码抽取出来写在名为 nextMusic 方法中。如果当前是最后一首歌，那么下一首歌曲约定为歌曲列表的第一个首歌曲，如表 2-9-8 所示。

表 2-9-8

功能	播放下一首歌曲	
	代码模块	作用说明
方法		定义播放下一首歌曲的方法 nextMusic
方法中的代码模块		序号 i 自增加 1
		如果当前是最后一首歌曲（i>3），则 i 设置为 1，以便播放第一首歌
		停止当前歌曲的播放
		设置播放器 Player1 的音频为下一首歌曲
		播放下一首歌
最终模块拼接		

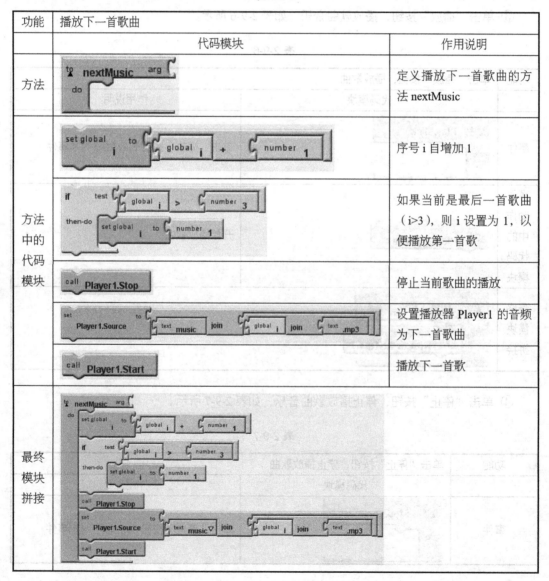

⑥ 单击"下一首"按钮，播放下一首歌曲，如表 2-9-9 所示。

表 2-9-9

功能	单击"下一首"按钮，播放下一首歌曲	
	代码模块	作用说明
事件	 when Next.Click do	单击"下一首"按钮 Next 时呼叫本事件
事件动作中的代码模块	 call nextMusic	调用方法 nextMusic 播放下一首歌曲
最终模块拼接	 when Next.Click do call nextMusic	

（5）项目运行

① 在图块编辑器中单击"New Emulator"新建一个模拟器，初始化完毕，单击"Connect to Device…"，选择"emulator-5554"，即可在模拟器上运行当前项目。

② 连接实体手机到计算机上，单击"Connect to Device…"，选择连接的手机，即可在实体手机上运行当前项目。

（6）拓展与提高

提供播放上一首歌曲的功能。

10. 变换背景颜色

（1）项目需求

在设计时，有时候需要对背景（或局部）进行调色，以选择更好的色彩搭配和色调。

本项目要求根据 RGB 原理开发一个变换背景颜色程序，RGB 色彩模式是工业界的一种颜色标准，通过对红（R）、绿（G）、蓝（B）3 个颜色通道的变化以及它们相互之间的叠加来得到各式各样的颜色，RGB 代表红、绿、蓝 3 个通道的颜色，这个标准几乎包括了人类视力所能感知的所有颜色，是目前运用最广的颜色系统之一。本项目中，通过 3 个滑动条来控制 RGB 3 种颜色，每种颜色的取值范围为 0~255，另外，再用一个滑动条来控制颜色的透明度，取值范围也是 0~255，以此来实现变换背景颜色的效果。

运行效果如图 2-10-1 所示。流程图结构如图 2-10-2 所示。

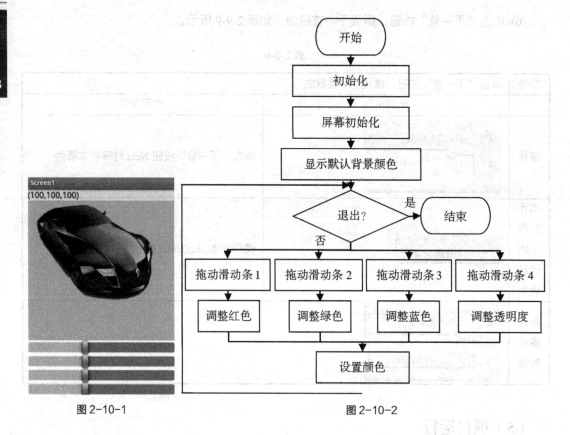

图 2-10-1   图 2-10-2

（2）项目素材

- 素材路径：光盘/项目开发素材/10。
- 素材资源：car.png（汽车图片）。

（3）项目界面设计

新建项目 BackChange。项目设计界面如图 2-10-3 所示。元件结构如图 2-10-4 所示。

图 2-10-3

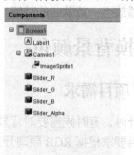

图 2-10-4

打开设计器，根据图 2-10-3、图 2-10-4 进行项目界面设计。项目所需界面元件及属性设置如表 2-10-1 所示。

表 2-10-1

元件	所属面板	重命名	属性及设置	
Screen1			Scrollable	取消勾选
Label	Basic	Label1	BackgroundColor	Yellow
			FontSize	18
			Text	(100,100,100)
			Width	Fill parent
Canvas 【说明：Canvas 元件表示画布，能够在其中绘制图形、添加动画等】	Basic	Canvas1	Width	Fill parent
			Height	Fill parent
ImageSprite 【说明：ImageSprite 元件表示图片动画，能够设置其为动画图片等】	Basic	ImageSprite1	Picture	car.png
			Width	Fill parent
			Height	Fill parent
Slider 【说明：Slider 元件表示滑动条，可以通过拖动滑块或在滑动条某个位置上单击来改变滑块的位置】	Basic	Slider_R	MaxValue 设为【注意：要比最大值多 3 才能得到最大值 255，下同】	258
			MinValue	0
			ThumbPosition	100
			Width	Fill parent
Slider	Basic	Slider_G	MaxValue	258
			MinValue	0
			ThumbPosition	100
			Width	Fill parent
Slider	Basic	Slider_B	MaxValue	258
			MinValue	0
			ThumbPosition	100
			Width	Fill parent
Slider	Basic	Slider_Alpha	MaxValue	258
			MinValue	0
			ThumbPosition	100
			Width	Fill parent

说明：MaxValue 的设置在模拟器上未必能精确取到 255，一般看到的是比 255 还少的数。所以，在此要适当调整 MaxValue 的值才能看到准确的效果。经过笔者调整，将此处的 MaxValue

设置为 258 较为合适。另外需要注意的是，最大值和最小值的设置在实体手机上也需要经过合适的调整才能得到所要的数值。因此，在开发 Slider 组件时，需要根据实际情况来调整 MaxValue 和 MinValue 的数值，以达到最佳效果。

在本项目中，将图片动画（汽车图片）放置到画布中，只要改变画布颜色，就相当于改变了汽车所在的背景颜色，从而实现变换背景颜色的效果。

（4）项目功能实现

打开图块编辑器，进行项目功能实现。

- 属性、事件清单（每个元件属性、事件具体含义请参考随书光盘或网上电子资源），如表 2-10-2 所示。

表 2-10-2

属性、事件模块	所属面板	作用说明
set Label1.Text to	My Blocks→ Label1	设置标签 Label1 的内容
set Canvas1.BackgroundColor to	My Blocks→ Canvas1	设置画布 Canvas1 的背景颜色
when Screen1.Initialize do	My Blocks→ Screen1	应用程序一启动运行就同步呼叫本事件，本事件可用来初始化某些数据以及执行一些前置性操作
when Slider_R.PositionChanged thumbPosition name thumb_R do	My Blocks→ Slider_R	滑块位置发生改变时呼叫本事件（其余滑动条找到对应元件的 PositionChanged 方法即可）

- 指令清单（每个指令具体含义请参考随书光盘或网上电子资源），如表 2-10-3 所示。

表 2-10-3

指令模块	所属面板	作用说明
def variable as	Built-In→ Definition	定义变量。variable 是变量名，可以通过单击名字进行修改。as 后面可拼接的内容包括字符串、数字、清单、逻辑值等
global variable	My Blocks→ My Definitions	取得全局变量 variable 的值。注意，variable 的名字若在定义变量时有修改过，那么这里会同步更新
set global variable to	My Blocks→ My Definitions	设置全局变量 variable 的值。注意，variable 的名字若在定义变量时有修改过，那么这里会同步更新
to procedure arg do	Built-In→ Definition	方法的定义。procedure 是方法名，可以通过单击名字进行修改。作用是将多个指令集合在一起，以后调用该方法时，被集合在其中的指令会按顺序依次执行

续表

指令模块	所属面板	作用说明
call procedure	My Blocks→My Definitions	方法的调用。注意，procedure 的名字若在定义方法时有修改过，那么这里会同步更新
name name	视用途而定	有 3 种用途 A. 作为定义方法时的参数存在。此时，需要在 Built-In→Definition 中选择此模块，参数个数没有限制，name 是参数名 B. 作为内置方法的参数存在。此时，调用内置方法时，若此方法有参数，则会自动带有默认名称的参数 C. 作为指令使用时的变量存在。比如，在使用 foreach 指令时，可以使用 var 来保存每次访问到的数据。此时，指令会自动带有默认名称的变量 不管哪种情况，都可以通过单击来修改名字
value name	My Blocks→My Definitions	取得自定或内置方法参数的值，或取得指令运行时变量的值。注意，若在定义参数时有修改过名字，那么这里会同步更新
text text	Built-In→Text	字符串常量，默认值为 text。可以通过单击值来修改
call make text text	Built-In→Text	将所有指定的字符串或数值连接成一个新的字符串
call make a list item	Built-In→Lists	新建一个清单，并自行指定清单元素。若未指定任何元素，则此为一个空清单
call select list item list index	Built-In→Lists	取得清单 list 指定位置 index 的元素内容，清单中第一个元素的位置为 1
call replace list item list index replacement	Built-In→Lists	将清单 list 指定位置 index 的元素替换成新的内容 replacement
number 123	Built-In→Math	数字常量，默认值为 123。可以通过单击值来修改
call floor	Built-In→Math	返回指定数字无条件舍去小数后保留整数部分的运算结果

- 功能实现。

① 定义全局变量，如表 2-10-4 所示。

表 2-10-4

功能	定义全局变量	
	代码模块	作用说明
定义变量		color 是一个清单，用于保存颜色，初始值为（100,100,100,100），前 3 个值分别对应 RGB 的颜色值，3 个颜色取值一样，表示灰色，最后一个取值 100，表示颜色透明度，0 为完全透明，255 为完全不透明

② 由于在初始化和颜色发生改变时都需要显示画布设置颜色后的效果，因此我们定义一个名为 showResult 的方法来实现显示颜色的功能，以节省代码空间，如表 2-10-5 所示。

表 2-10-5

功能	设置画布颜色	
	代码模块	作用说明
方法	showResult	定义设置画布颜色的方法 showResult
方法中的代码模块	set Canvas1.BackgroundColor to call make color components global color	设置画布背景颜色为清单 color 保存的颜色
最终模块拼接	showResult do set Canvas1.BackgroundColor to call make color components global color	

③ 初始化时，显示默认的背景颜色，即灰色，如表 2-10-6 所示。

表 2-10-6

功能	程序初始化时，显示默认的背景颜色	
	代码模块	作用说明
事件	when Screen1.Initialize do	程序初始化时呼叫本事件

续表

功能	程序初始化时，显示默认的背景颜色	
	代码模块	作用说明
事件动作中的代码模块	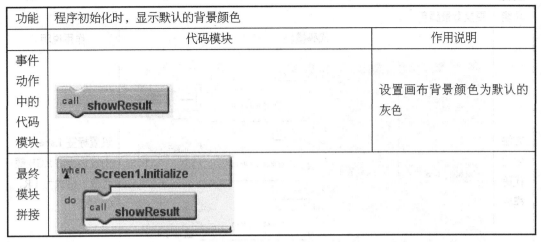	设置画布背景颜色为默认的灰色
最终模块拼接		

④ 定义一个方法 backChange 用于更换背景颜色，此方法带两个参数，分别是 num 和 new_value。其中：num 表示滑动条对应的编号，我们约定，滑动条对应的编号就是全局变量 color 列表所在的索引（或位置），即控制红色的滑动条对应的编号为 1，控制绿色的滑动条对应的编号为 2，控制蓝色的滑动条的编号为 3，控制透明度的滑动条的编号为 4；new_value 表示调整后滑动条上滑块所在位置的值。如表 2-10-7 所示。

表 2-10-7

功能	更换背景颜色	
	代码模块	作用说明
方法		定义更换背景颜色的方法 backChange
方法中的代码模块		修改对应滑动条的颜色值
		调用 showResult 设置画布颜色

续表

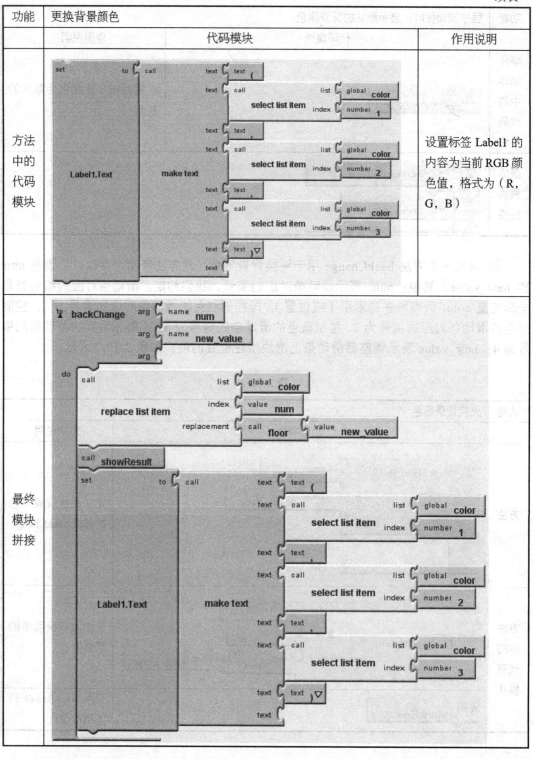

⑤ 当滑动条上的滑动块位置发生改变时，只需将发生调整的对应滑动条的编号和调整后滑动块的位置传递给 backChange 方法，即可实时根据对应滑动条滑块位置的改变来变换背景颜

色，如表 2-10-8 所示。

注意：由于 Slider_G、Slider_B、Slider_Alpha 与 Slider_R 的处理类似，因此直接给出它们的代码模块。

表 2-10-8

功能	滑动条 Slider_R 滑块位置改变时，更换背景颜色	
	代码模块	作用说明
事件	when Slider_R.PositionChanged thumbPosition name thumb_R do	滑动条 Slider_R 滑块位置改变时呼叫本事件
事件动作中的代码模块	call backChange num ← number 1, new_value ← value thumb_R	调用方法 backChange，传入参数 1（颜色清单中索引值为 1 的是红色）和滑块当前值 thumb_R，更换背景颜色
最终模块拼接	when Slider_R.PositionChanged thumbPosition name thumb_R do call backChange num ← number 1, new_value ← value thumb_R	
其余类似代码模块	when Slider_G.PositionChanged thumbPosition name thumb_G do call backChange num ← number 2, new_value ← value thumb_G when Slider_B.PositionChanged thumbPosition name thumb_B do call backChange num ← number 3, new_value ← value thumb_B when Slider_Alpha.PositionChanged thumbPosition name alpha do call backChange num ← number 4, new_value ← value alpha	

（5）项目运行

① 在图块编辑器中单击"New Emulator"新建一个模拟器，初始化完毕，单击"Connect to Device…"，选择"emulator-5554"，即可在模拟器上运行当前项目。

② 连接实体手机到计算机上，单击"Connect to Device…"，选择连接的手机，即可在实体手机上运行当前项目。

（6）拓展与提高

结合音乐播放器，使用滑动条实现调节音乐音量。

11. 我的时钟

（1）项目需求

时钟是一种由时针、分针、秒针构成的，能够明确当前时间的电子设备。

本项目要求开发一个我的时钟程序，根据当前系统时间显示时针、分针、秒针的位置，方便用户查看时间。

运行效果如图 2-11-1 所示，流程图结构如图 2-11-2 所示。

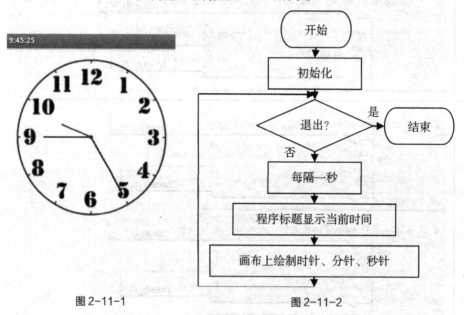

图 2-11-1　　　　　　图 2-11-2

（2）项目素材

- 素材路径：光盘/项目开发素材/11。
- 素材资源：clock.png（汽车图片）。

（3）项目界面设计

新建项目 MyClock，项目设计界面如图 2-11-3 所示，元件结构如图 2-11-4 所示。

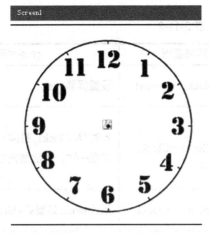

图 2-11-3　　　　　　　　　图 2-11-4

打开设计器，根据图 2-11-3、图 2-11-4 进行项目界面设计。项目所需界面元件及属性设置如表 2-11-1 所示。

表 2-11-1

元件	所属面板	重命名	属性及设置	
Screen1			AlignHorizontal	Center
			Scrollable	取消勾选
Canvas	Basic	Canvas1	BackgroundColor	None
			Width	320
			Height	320
ImageSprite	Animation	ImageSprite1	Picture	clock.png
			X	20
			Y	20
Clock	Basic	Clock1	TimerInterval	1

（4）项目功能实现

打开图块编辑器，进行项目功能实现。
- 属性、事件、方法清单（每个元件属性、事件、方法具体含义请参考随书光盘或网上电子资源），如表 2-11-2 所示。

表 2-11-2

属性、事件、方法模块	所属面板	作用说明
set Screen1.Title to	My Blocks→Screen1	设置屏幕标题
when Clock1.Timer do	My Blocks→Clock1	计时器 Clock1 每隔一段时间就会被触发一次，每次触发时呼叫本事件
call Clock1.Now	My Blocks→Clock1	从 Android 装置的 clock 读取当前时间
call Clock1.Hour instant	My Blocks→Clock1	一天中的小时数
call Clock1.Minute instant	My Blocks→Clock1	一小时之内的分钟数
call Clock1.Second instant	My Blocks→Clock1	一分钟之内的秒数
call Canvas1.Clear	My Blocks→Canvas1	清除画布上的各种涂鸦，不清除背景图片
call Canvas1.DrawLine x1 y1 x2 y2	My Blocks→Canvas1	绘制直线。其中：x1 和 y1 是线段起点坐标，x2 和 y2 是线段终点坐标

- 指令清单（每个指令具体含义请参考随书光盘或网上电子资源），如表 2-11-3 所示。

表 2-11-3

指令模块	所属面板	作用说明
text text	Built-In→Text	字符串常量，默认值为 text。可以通过单击值来修改
call make text text	Built-In→Text	将所有指定的字符串或数值连接成一个新的字符串
number 123	Built-In→Math	数字常量，默认值为 123。可以通过单击值来修改
+	Built-In→Math	对两个操作数进行求和。可以单击 + 号选择其他可操作的运算符
−	Built-In→Math	对两个操作数进行求差。可以单击 − 号选择其他可操作的运算符

续表

指令模块	所属面板	作用说明
×	Built-In→Math	对两个操作数进行求积。可以单击×号选择其他可操作的运算符
call remainder	Built-In→Math	返回第一个数除以第二个数所得的余数
call quotient	Built-In→Math	返回第一个数除以第二个数所得的商值，即整数部分
call sin degrees	Built-In→Math	返回指定数字 degrees 的正弦函数值，单位为度
call cos degrees	Built-In→Math	返回指定数字 degrees 的余弦函数值，单位为度

- 功能实现。

每隔一秒，更新界面标题，更新时针、分针、秒针，如表 2-11-4 所示。

注意 1：默认的模拟器用的是 UTC 英国时间，刚好是+8 时区，因此，我们需要对获得的模拟器的小时+8 才能与实际系统的小时数相等。获得的系统时间是 24 小时制的，即 23 时对应的就是晚上 11 时，而时钟是 12 小时制的，因此需要对获得的时间+8 后取余 12 来获得对应时钟的小时数。

注意 2：秒针、分针、时针绘制说明如下。

时钟的圆心位置是（160,160），即 60 秒→360 度，那么 1 秒→6 度，即 s 秒→6s 度。

辅助图如图 2-11-5 所示。

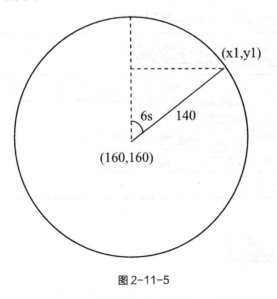

图 2-11-5

根据图 2-11-5，得出 x1、y1 坐标公式如下。

x1=160+140*sin(6s)，此处的 140 是圆的半径，为了适当减少秒针的长度，我们此处将 140

改为 120，公式变为 x1=160+120*sin(6s)，同理，y1=160+120*cos(6s)。其中的 s 为当前系统的秒数。

同理，绘制分针位置。由于实际分针比秒针短，因此将幅度改为 90。

时针的绘制与秒针、分针类似，只是在把圆周 360 度划等份时，是划成 12 等份（因为只有 12 小时），另外时针的位置还要根据分针的位置而适当调整间距。

时钟的圆心位置是（160,160），即 12 时→360 度，那么 1 时→30 度，即 h 时→30h 度。

分针的位置将影响时针的位置，因此我们还要根据分针的位置来确定时针的偏移位置。举个例子，如从 10 点到 11 点（共 30 度），共经历了 60 分钟，因此，m 分钟对应是 m/2 度。将实际小时对应的度数再加上 m/2（此处的/表示整除，即商值，如 3/2，商为 1）度，才是时针的所处的实际度数。又因为实际时针比分针短，所以将幅度改为 60。因此，计算时针的公式为

h=(获得小时数+8)%12

x1=160+60*sin(h*30+m/2)

y1=160+60*cos(h*30+m/2)

表 2-11-4

功能	每隔一秒，更新界面标题，更新时针、分针、秒针	
	代码模块	作用说明
事件	when Clock1.Timer do	计时器 Clock1 每隔一秒就会被触发一次，每次触发时呼叫本事件
事件动作中的代码模块	call Clock1.Hour instant call Clock1.Now	获取当前时间的小时数
	call Clock1.Minute instant call Clock1.Now	获取当前时间的分数
	call Clock1.Second instant call Clock1.Now	获取当前时间的秒数
	set Screen1.Title to make text (remainder of call Clock1.Hour instant call Clock1.Now + number 8, number 12) text ":" call Clock1.Minute instant call Clock1.Now text ":" call Clock1.Second instant call Clock1.Now	设置屏幕标题为当前时间，格式为(时:分:秒)
	call Canvas1.Clear	清除画布内容，以便绘制下一秒的时针、分针、秒针位置

续表

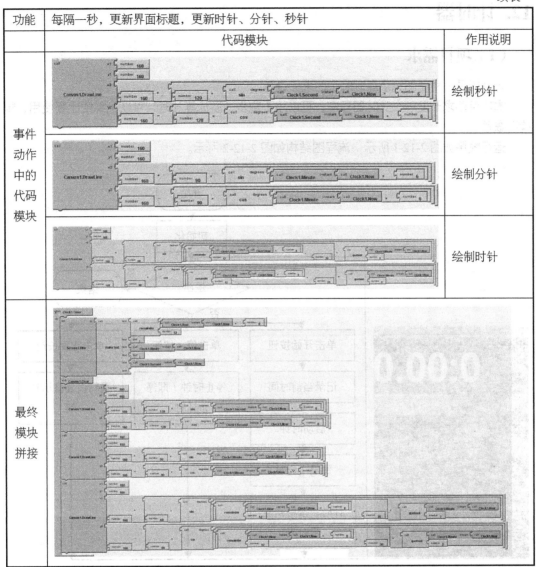

（5）项目运行

① 在图块编辑器中单击"New Emulator"新建一个模拟器，初始化完毕，单击"Connect to Device…"，选择"emulator-5554"，即可在模拟器上运行当前项目。

② 连接实体手机到计算机上，单击"Connect to Device…"，选择连接的手机，即可在实体手机上运行当前项目。

（6）拓展与提高

① 思考假如不对画布清空，效果会如何。
② 若将3针（时针、分针、秒针）换成图片，如何实现？

12. 计时器

（1）项目需求

计时器是一种能够记录耗时时长的电子设备。

本项目要求开发一个计时器程序，可以用于跑步、游泳等计时，可以训练或比赛使用，精确到毫秒。

运行效果如图 2-12-1 所示，流程图结构如图 2-12-2 所示。

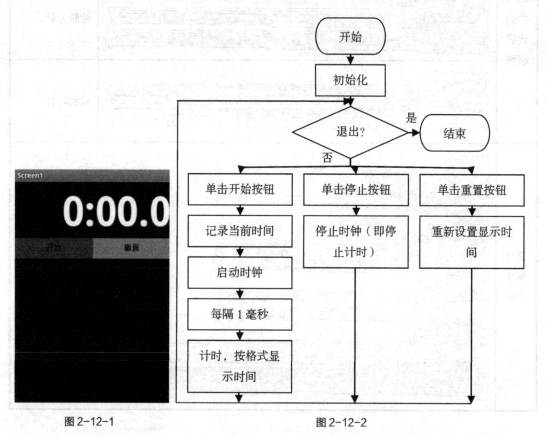

图 2-12-1　　　　　　　　　　图 2-12-2

（2）项目素材

- 本项目无需其他素材。

（3）项目界面设计

新建项目 Timer。项目设计界面如图 2-12-3 所示。元件结构如图 2-12-4 所示。

图 2-12-3

图 2-12-4

打开设计器，根据图 2-12-3、图 2-12-4 进行项目界面设计。项目所需界面元件及属性设置如表 2-12-1 所示。

表 2-12-1

元件	所属面板	重命名	属性名	属性值
Screen1			BackgroundColor	Black
HorizontalArrangement	Screen Arrangement	HorizontalArrangement1	Width	Fill parent
Label	Basic	Label1	FontBold	勾选
			FontSize	80
			Text	0
			TextAlignment	right
			TextColor	White
			Width	Fill parent
Label	Basic	Label2	FontBold	勾选
			FontSize	80
			Text	:
			TextColor	White
Label	Basic	Label3	FontBold	勾选
			FontSize	80
			Text	00.0
			TextColor	White
HorizontalArrangement	Screen Arrangement	HorizontalArrangement2	Width	Fill parent

元件	所属面板	重命名	属性名	属性值
Button	Basic	Button1	BackgroundColor	Red
			FontSize	16
			Text	开始
			Width	Fill parent
Button	Basic	Button2	BackgroundColor	Green
			FontSize	16
			Text	重置
			Width	Fill parent
Clock	Basic	Clock1	TimerEnabled	取消勾选
			TimerInterval	1

（4）项目功能实现

打开图块编辑器，进行项目功能实现。

- 属性、事件、方法清单（每个元件属性、事件、方法具体含义请参考随书光盘或网上电子资源），如表 2-12-2 所示。

表 2-12-2

属性、事件、方法模块	所属面板	作用说明
set Button1.Text to	My Blocks→Button1	设置按钮 Button1 的内容
set Label1.Text to	My Blocks→Label1	设置标签 Label1 的内容
set Clock1.TimerEnabled to	My Blocks→Clock1	设置时钟 Clock1 可用性。true 表示可用，false 表示不可用
when Button1.Click do	My Blocks→Button1	单击按钮 Button1 时呼叫本事件
when Clock1.Timer do	My Blocks→Clock1	计时器 Clock1 每隔一段时间就会被触发一次，每次触发时呼叫本事件
call Clock1.SystemTime	My Blocks→Clock1	返回 Android 装置内部系统时间，单位为毫秒

- 指令清单（每个指令具体含义请参考随书光盘或网上电子资源），如表 2-12-3 所示。

表 2-12-3

指令模块	所属面板	作用说明
def variable as	Built-In→Definition	定义变量。variable 是变量名，可以通过单击名字进行修改。as 后面可拼接的内容包括字符串、数字、清单、逻辑值等
global variable	My Blocks→My Definitions	取得全局变量 variable 的值。注意，variable 的名字若在定义变量时有修改过，那么这里会同步更新
set global variable to	My Blocks→My Definitions	设置全局变量 variable 的值。注意，variable 的名字若在定义变量时有修改过，那么这里会同步更新
text text	Built-In→Text	字符串常量，默认值为 text。可以通过单击值来修改
call make text	Built-In→Text	将所有指定的字符串或数值连接成一个新的字符串
number 123	Built-In→Math	数字常量，默认值为 123。可以通过单击值来修改
>=	Built-In→Math	比较两个指定数字。如果前者大于等于后者返回 true，否则返回 false
<	Built-In→Math	比较两个指定数字。如果前者小于后者返回 true，否则返回 false
=	Built-In→Math	比较两个指定数字。如果相等返回 true，否则返回 false
call remainder	Built-In→Math	返回第一个数除以第二个数所得的余数
call quotient	Built-In→Math	返回第一个数除以第二个数所得的商值，即整数部分
true	Built-In→Logic	布尔类型常数的真。用来设置元件的布尔属性值，或用来表示某种状况的变量值
false	Built-In→Logic	布尔类型常数的假。用来设置元件的布尔属性值，或用来表示某种状况的变量值

续表

指令模块	所属面板	作用说明
and　test	Built-In→Logic	测试是否所有条件都为真。当插入第一个条件 test 时会自动增加第二个条件插槽。由上到下顺序测试，若测试过程中任一条件为假则停止测试，并返回 false。若所有条件都为真，则返回 true。若无任何条件也返回 true
ifelse　test then-do else-do	Built-In→Control	条件语句，测试指定条件 test，若为 true 则执行 then-do 中的指令，反之则执行 else-do 中的指令

- 功能实现。

① 定义全局变量，如表 2-12-4 所示。

表 2-12-4

功能	定义全局变量	
	代码模块	作用说明
定义变量	def StartOrStop as true	用于保存按钮状态。true 表示按钮显示"开始"，false 表示按钮显示"停止"
	def StartTime as number 0	用于保存单击"开始"按钮时的系统时间
	def TempTime as number 0	用于保存时差，即当前系统时间与 StartTime 的差值，即计时数
	def Time1 as number 0	用于保存计时的秒数，如"7:12.8"中的 7
	def Time2 as number 0	用于保存紧跟秒数后两位的数据，如"7:12.8"中的 12
	def Time3 as number 0	用于保存计时的毫秒数，如"7:12.8"中的 8

② 单击"开始"按钮，按钮文本变为"停止"，开始计时；单击"停止"按钮，按钮文本变为"开始"，停止计时。如表 2-12-5 所示。

表 2-12-5

功能	单击"开始"按钮,开始计时;单击"停止"按钮,停止计时	
	代码模块	作用说明
事件	when Button1.Click do	单击"开始"或"停止"按钮 Button1 时呼叫本事件
事件动作中的代码模块	ifelse test [global StartOrStop = true] then-do else-do	如果 StartOrStop 为 true 表示当前单击了"开始"按钮,则执行 then-do 后的代码,否则表示当前单击了"停止"按钮,则执行 else-do 后的代码
	set Button1.Text to text 停止 set global StartOrStop to false set global StartTime to call Clock1.SystemTime set Clock1.TimerEnabled to true	then-do 后的代码(即单击"开始"按钮,开始计时执行的动作): A. 修改按钮的内容为停止; B. 修改 StartOrStop 为 false,表示当前按钮上的内容为停止; C. 设置 Start 为系统时间; D. 触发计时器 Clock1 开始计时
	set Button1.Text to text 开始 set global StartOrStop to true set Clock1.TimerEnabled to false	else-do 后的代码(即单击"停止"按钮,停止计时执行的动作): A. 修改按钮的内容为开始; B. 修改 StartOrStop 为 true,表示当前按钮上的内容为开始; C. 停止触发计时器 Clock1 停止计时
最终模块拼接	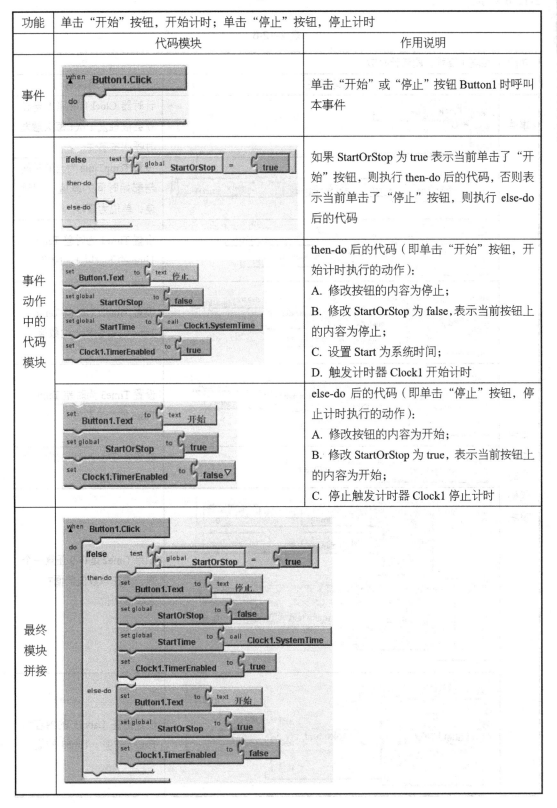	

③ 每隔 1 毫秒，重新计算时差（相隔的秒数），将得出的时差转换成对应的格式，如表 2-12-6 所示。

表 2-12-6

功能	每隔 1 毫秒，刷新计时数	
	代码模块	作用说明
事件	when Clock1.Timer do	计时器 Clock1 每隔 1 毫秒就会被触发 1 次，每次触发时呼叫本事件
事件动作中的代码模块	set global TempTime to call Clock1.SystemTime − global StartTime	设置 TempTime 为当前时间与起始时间的差值，即时差，单位为毫秒
	set global Time1 to call quotient global TempTime / number 1000	设置 Time1 为时差 TempTime 的千位以上的数值
	set global Time2 to call quotient (call remainder global TempTime / number 1000) / number 10	设置 Time2 为时差 TempTime 的百位和十位数值
	set global Time3 to call remainder (call remainder global TempTime / number 1000) / number 10	设置 Time3 为时差 TempTime 的个位数值
	set Label1.Text to global Time1	设置标签 Label1 的内容为 Time1 的值
	if test (global Time2 >= number 0) and test (global Time2 < number 10) then-do set global Time2 to call make text / number 0 / global Time2	如果 Time2 是 0~9 任意一个数，则在该数值前面补 0，来凑够两位
	set Label3.Text to call make text / global Time2 / text "." / global Time3	设置标签 Label3 的内容为 Time2 的值、Time3 的值

续表

功能	每隔1毫秒，刷新计时数	
	代码模块	作用说明
最终模块拼接	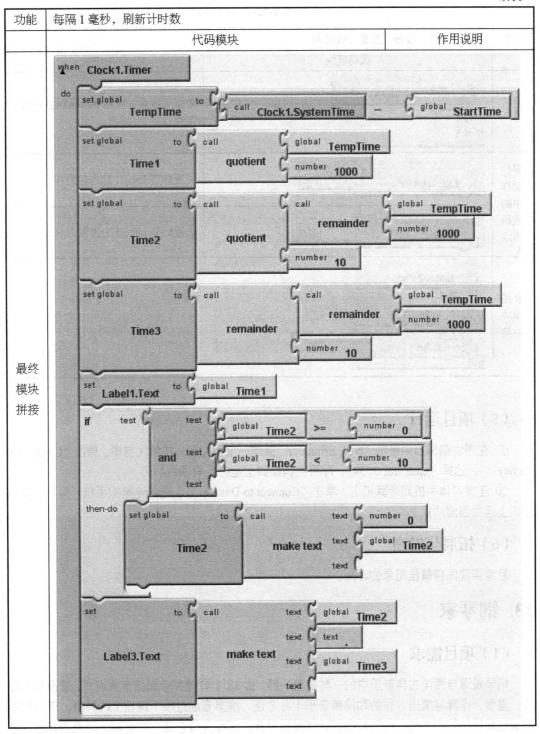	

④ 单击"重置"按钮，重新设置时间为"0:00.0"，如表 2-12-7 所示。

表 2-12-7

功能	单击"重置"按钮，重置计时时间	
	代码模块	作用说明
事件	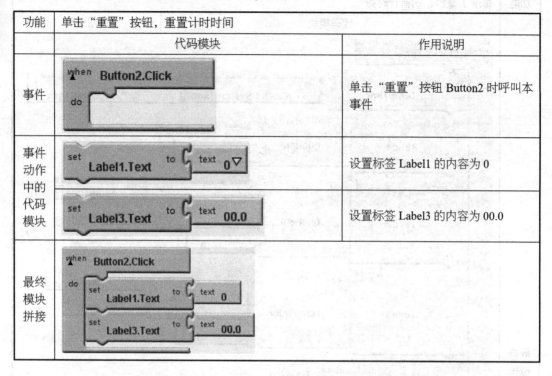	单击"重置"按钮 Button2 时呼叫本事件
事件动作中的代码模块		设置标签 Label1 的内容为 0
		设置标签 Label3 的内容为 00.0
最终模块拼接		

（5）项目运行

① 在图块编辑器中单击"New Emulator"新建一个模拟器，初始化完毕，单击"Connect to Device…"，选择"emulator-5554"，即可在模拟器上运行当前项目。

② 连接实体手机到计算机上，单击"Connect to Device…"，选择连接的手机，即可在实体手机上运行当前项目。

（6）拓展与提高

思考实现保存最佳纪录的时间。

13. 钢琴家

（1）项目需求

钢琴是源自西洋古典音乐中的一种键盘乐器，由 88 个琴键和金属弦音板组成，普遍用于独奏、重奏、伴奏等演出，作曲和排练音乐十分方便。演奏者通过按下键盘上的琴键，牵动钢琴里面包着绒毡的小木槌，继而敲击钢丝弦发出声音。钢琴凭借它宽广的音域、绝美的音色，被称为乐器之王。

本项目要求开发一个钢琴家程序，提供 Do、Re、Mi、Fa、So、La、Si 这 7 个音键，简单地模拟钢琴演奏效果。

运行效果如图 2-13-1 所示。流程图结构如图 2-13-2 所示。

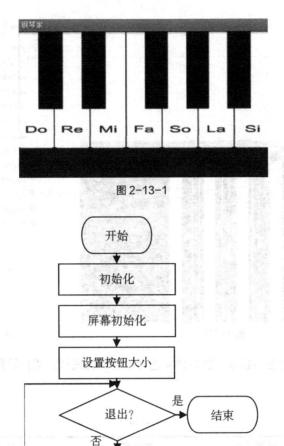

图 2-13-1

图 2-13-2

（2）项目素材

- 素材路径：光盘/项目开发素材/12。
- 素材资源：

7个音键图片 1_Do.png、2_Re.png、3_Mi.png、4_Fa.png、5_So.png、6_La.png、7_Si.png，7个音键声音 1_Do.wav、2_Re.wav、3_Mi.wav、4_Fa.wav、5_So.wav、6_La.wav、7_Si.wav，应用程序图标图片 Piano.png。

（3）项目界面设计

新建项目 Piano。项目设计界面如图 2-13-3 所示，元件结构如图 2-13-4 所示。

图 2-13-3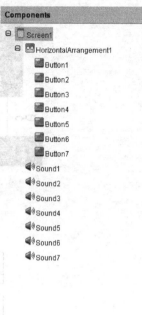

图 2-13-4

打开设计器,根据图 2-13-3、图 2-13-4 进行项目界面设计。项目所需界面元件及属性设置如表 2-13-1 所示。

表 2-13-1

元件	所属面板	重命名	属性名	属性值
Screen1			BackgroundColor	Black
			Icon	Piano.png
			ScreenOrientation 【说明:Landscape 表示模拟器是横排方向,在实际观看效果时,需要按 Ctrl+F12,在竖排和横排之间进行切换】	Landscape
			Title	钢琴家
HorizontalArrangement	Screen Arrangement	HorizontalArrangement1	Width	Fill parent
Button(7个)	Basic	Button1 ~ Button7	Image	分别为 1_Do.png ~ 7_Si.png
			Text	空
			Width	35
			Height	Fill parent

续表

元件	所属面板	重命名	属性名	属性值
Sound（7个）	Media	Sound1～Sound7	MinimumInterval	0
			Source	分别为 1_Do.wav～7_Si.wav

（4）项目功能实现

打开图块编辑器，进行项目功能实现。

- 属性、事件清单（每个元件属性、事件具体含义请参考随书光盘或网上电子资源），如表 2-13-2 所示。

表 2-13-2

属性、事件模块	所属面板	作用说明
Screen1.Width	My Blocks→Screen1	取得屏幕 Screen1 的宽度
Screen1.Height	My Blocks→Screen1	取得屏幕 Screen1 的高度
component Button1	My Blocks→Button1	取得按钮 Button1 元件对象
set Button.Width component to	Advanced→Any Button	循环设置每个按钮的宽度
set Button.Height component to	Advanced→Any Button	循环设置每个按钮的高度
when Button1.Click do	My Blocks→Button1	单击按钮 Button1 时呼叫本事件
when Screen1.Initialize do	My Blocks→Screen1	应用程序一启动运行就同步呼叫本事件，本事件可用来初始化某些数据以及执行一些前置性操作

- 指令清单（每个指令具体含义请参考随书光盘或网上电子资源），如表 2-13-3 所示。

表 2-13-3

指令模块	所属面板	作用说明
def variable as	Built-In→Definition	定义变量。variable 是变量名，可以通过单击名字进行修改。as 后面可拼接的内容包括字符串、数字、清单、逻辑值等
global variable	My Blocks→My Definitions	取得全局变量 variable 的值。注意，variable 的名字若在定义变量时有修改过，那么这里会同步更新
set global variable to	My Blocks→My Definitions	设置全局变量 variable 的值。注意，variable 的名字若在定义变量时有修改过，那么这里会同步更新
call make a list item	Built-In→Lists	新建一个清单，并自行指定清单元素。若未指定任何元素，则此为一个空清单
call length of list list	Built-In→Lists	返回指定清单 list 的长度，即清单元素数目
number 123	Built-In→Math	数字常量，默认值为 123。可以通过单击值来修改
×	Built-In→Math	对两个操作数进行求积。可以单击×号选择其他可操作的运算符
/	Built-In→Math	对两个操作数进行求商。例如 1/2 为 0.5，1/3 为 0.33333，3/1 为 3。可以单击/号选择其他可操作的运算符
foreach variable name var do in list	Built-In→Control	循环语句，逐个访问指定清单（in list）的元素 var，do 执行的次数取决于清单的长度

- 功能实现。

① 定义全局变量，如表 2-13-4 所示。

表 2-13-4

功能	定义全局变量	
	代码模块	作用说明
定义变量	def buttons as number 0	作为一个列表，用于存放所有的音键按钮

② 初始化时，构造 buttons 的音键按钮列表，然后重新设置列表中每个音键按钮的宽度和高度。查看效果时，模拟器要切换成横排的快捷键是 Ctrl+F12，如表 2-13-5 所示。

表 2-13-5

功能	程序初始化，设置按钮的宽高	
	代码模块	作用说明
事件	when Screen1.Initialize do	程序初始化时呼叫本事件
事件动作中的代码模块	set global buttons to call make a list (item component Button1, item component Button2, item component Button3, item component Button4, item component Button5, item component Button6, item component Button7, item)	初始化清单 buttons 为所有音键按钮对象
	foreach variable name button do set component Button.Height to Screen1.Height × number 0.8 set component Button.Width to Screen1.Width / call length of list list global buttons in list global buttons	循环访问清单 buttons 中的每个音键按钮对象 button，设置每个 button 的高度为屏幕 0.8，宽度为所有按钮平均分配屏幕宽度

续表

功能	程序初始化，设置按钮的宽高	
	代码模块	作用说明
最终模块拼接	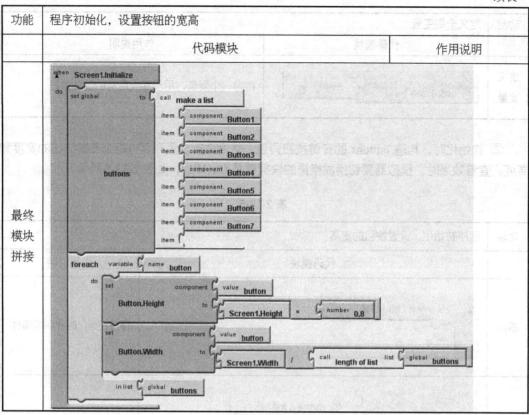	

③ 单击音键按钮，发出音键对应的声音，如表 2-13-6 所示。

注意：其余音键按钮与 Button1 的处理类似，只需要修改播放对应的音频文件即可，因此直接给出其余音键按钮的代码模块。

表 2-13-6

功能	单击"Do"按钮，播放音频	
	代码模块	作用说明
事件	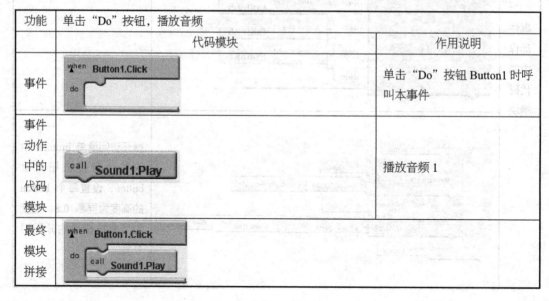	单击"Do"按钮 Button1 时呼叫本事件
事件动作中的代码模块		播放音频 1
最终模块拼接		

续表

功能	单击"Do"按钮，播放音频	
	代码模块	作用说明
其余代码模块	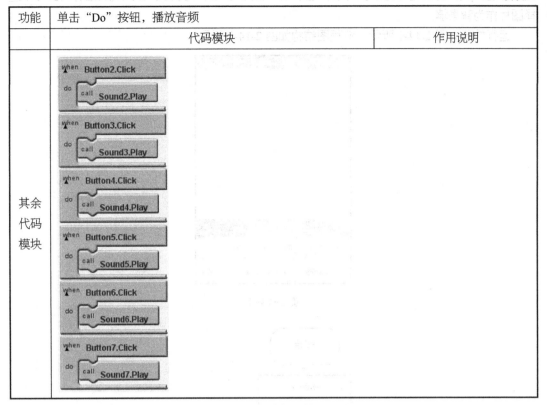	

（5）项目运行

① 在图块编辑器中单击"New Emulator"新建一个模拟器，初始化完毕，单击"Connect to Device…"，选择"emulator-5554"，即可在模拟器上运行当前项目。

② 连接实体手机到计算机上，单击"Connect to Device…"，选择连接的手机，即可在实体手机上运行当前项目。

注意：要先将模拟器切换成横排才能看到更好的效果。

（6）拓展与提高

① 思考更多音键的实现。
② 思考其他乐器的实现，如吉他。

14. 涂鸦板

（1）项目需求

涂鸦中的涂指随意的涂涂抹抹，鸦泛指颜色。涂鸦合起来就成了随意地涂抹色彩之意，是艺术上各种颜色交融，以抽象的感觉描绘出一种色彩的特殊风格。以前以墙为介质进行涂鸦，后来扩展到汽车、车站站台等。

本项目要求开发一个涂鸦板程序，能够让用户选择笔触颜色、设置笔触大小、绘制点线圆图形，能以默认的白色墙为涂鸦背景，也能实时拍照将照片作为背景墙，或从已有的图库中选择图片作为背景墙。

运行效果如图 2-14-1 所示。流程图结构如图 2-14-2 所示。

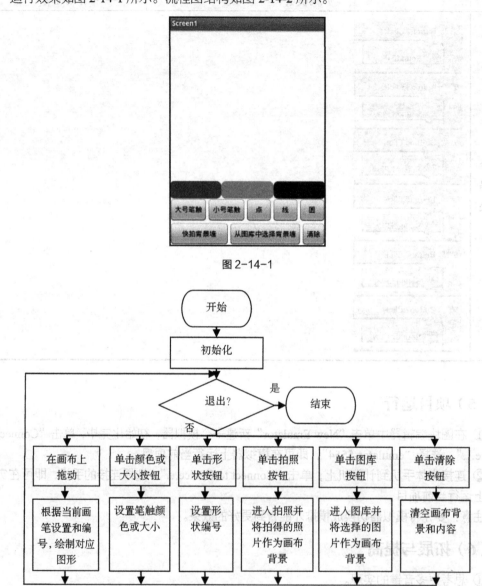

图 2-14-1

图 2-14-2

（2）项目素材

- 本项目无需其他素材。

（3）项目界面设计

新建项目 Painter。项目设计界面如图 2-14-3 所示。元件结构如图 2-14-4 所示。

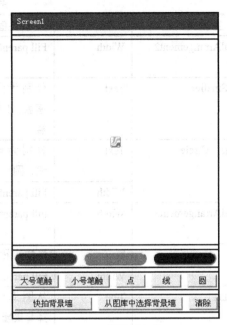

图 2-14-3

图 2-14-4

打开设计器，根据图 2-14-3、图 2-14-4 进行项目界面设计。项目所需界面元件及属性设置如表 2-14-1 所示。

表 2-14-1

元件	所属面板	重命名	属性名	属性值
Screen1			Scrollable	取消勾选
VerticalArrangement	Screen Arrangement	VerticalArrangement1	Width	Fill parent
			Height	Fill parent
Canvas	Basic	Canvas1	Width	Fill parent
			Height	300
HorizontalArrangement	Screen Arrangement	HorizontalArrangement1	Width	Fill parent
Button（3个）	Basic	Red、Green、Blue	BackgroundColor	分别为 Red、Green、Blue
			Shape	rounded
			Text	空
			Width	Fill parent

续表

元件	所属面板	重命名	属性名	属性值
HorizontalArrangement	Screen Arrangement	HorizontalArrangement2	Width	Fill parent
Button（2个）	Basic	Bigger、Smaller	Text	分别为大号笔触、小号笔触
Button（3个）	Basic	Dot、Line、Circle	Text	分别为点、线、圆
			Width	Fill parent
HorizontalArrangement	Screen Arrangement	HorizontalArrangement3	Width	Fill parent
Button	Basic	Camera	Text	快拍背景墙
			Width	Fill parent
ImagePicker 【说明：ImagePicker 元件用于打开手机中的图库，让用户选择其中的图片】	Media	ImagePicker1	Text	从图库中选择背景墙
Button	Basic	Clear	Text	清除
Camera 【说明：Camera 元件具备照相机功能，能够打开摄像头进行拍照】	Media	Camera1		

（4）项目功能实现

打开图块编辑器，进行项目功能实现。

- 属性、事件、方法清单（每个元件属性、事件、方法具体含义请参考随书光盘或网上电子资源），如表 2-14-2 所示。

表 2-14-2

属性、事件、方法模块	所属面板	作用说明
set Canvas1.BackgroundImage to	My Blocks→Canvas1	设置画布背景图
set Canvas1.LineWidth to	My Blocks→Canvas1	设置画笔宽度
set Canvas1.PaintColor to	My Blocks→Canvas1	设置画笔颜色

续表

属性、事件、方法模块	所属面板	作用说明
when Canvas1.Dragged (startX, startY, prevX, prevY, currentX, currentY, draggedSprite) do	My Blocks→Canvas1	在画布上拖拉时呼叫本事件。其中：startX 和 startY 是第一次触碰屏幕时的那一点坐标，currentX 和 currentY 是拖动过程的当前点坐标，prevX 和 prevY 是拖动过程中当前点的前一点坐标，draggedSprite 表示是否有一个动画元件被拖拉
when Camera1.AfterPicture (image) do	My Blocks→Camera1	拍照完成后呼叫本事件。其中：image 是刚刚所拍照片存储于 Android 装置中的位置
when ImagePicker1.AfterPicking do	My Blocks→ImagePicker1	用户单击图片选取器中某项目后呼叫本事件
call Camera1.TakePicture	My Blocks→Camera1	启动 Android 装置上的相机进行拍照
call Canvas1.Clear	My Blocks→Canvas1	清除画布上的各种涂鸦，不清除背景图片
call Canvas1.DrawCircle (x, y, r)	My Blocks→Canvas1	绘制圆形。其中：x 和 y 为圆心坐标，r 为圆半径
call Canvas1.DrawLine (x1, y1, x2, y2)	My Blocks→Canvas1	绘制直线。其中：x1 和 y1 是线段起点坐标，x2 和 y2 是线段终点坐标
call Canvas1.DrawPoint (x, y)	My Blocks→Canvas1	绘制点。其中：x 和 y 是点坐标

- 指令清单（每个指令具体含义请参考随书光盘或网上电子资源），如表 2-14-3 所示。

表 2-14-3

指令模块	所属面板	作用说明
def variable as	Built-In→Definition	定义变量。variable 是变量名，可以通过单击名字进行修改。as 后面可拼接的内容包括字符串、数字、清单、逻辑值等
global variable	My Blocks→My Definitions	取得全局变量 variable 的值。注意，variable 的名字若在定义变量时有修改过，那么这里会同步更新
set global variable to	My Blocks→My Definitions	设置全局变量 variable 的值。注意，variable 的名字若在定义变量时有修改过，那么这里会同步更新
name name	视用途而定	有 3 种用途。 A．作为定义方法时的参数存在。此时，需要在 Built-In→Definition 中选择此模块，参数个数没有限制，name 是参数名。 B．作为内置方法的参数存在。此时，调用内置方法时，若此方法有参数，则会自动带有默认名称的参数。 C．作为指令使用时的变量存在。比如，在使用 foreach 指令时，可以使用 var 来保存每次访问到的数据。此时，指令会自动带有默认名称的变量。 不管哪种情况，都可以通过单击来修改名字
value name	My Blocks→My Definitions	取得自定或内置方法参数的值，或取得指令运行时变量的值。注意，若在定义参数时有修改过名字，那么这里会同步更新
number 123	Built-In→Math	数字常量，默认值为 123。可以通过单击值来修改
=	Built-In→Math	比较两个指定数字。如果相等返回 true，否则返回 false
+	Built-In→Math	对两个操作数进行求和。可以单击＋号选择其他可操作的运算符
−	Built-In→Math	对两个操作数进行求差。可以单击－号选择其他可操作的运算符
call sqrt	Built-In→Math	返回指定数字的平方根
call expt base exponent	Built-In→Math	返回指数的运算结果。其中：base 为底数，exponent 为指数，表示 base 的 exponent 次方
if test then-do	Built-In→Control	条件语句，测试指定条件 test，若为 true 则执行 then-do 中的指令，反之则跳过此代码块

- 功能实现。

① 定义全局变量，如表 2-14-4 所示。

表 2-14-4

功能	定义全局变量	
	代码模块	作用说明
定义变量	`def Graphic as number 1`	作用为保存要绘制的形状。我们约定，1 表示绘制点，2 表示绘制线，3 表示绘制圆
	`def width as number 5`	作用为保存画笔基础大小（默认是 5），每次单击"大号笔触"，会在此基础上增加 1，每次单击"小号笔触"，会在此基础上减少 1
	`def x as number 0`	在求两点之间的距离时，保存 x 坐标的差值
	`def y as number 0`	在求两点之间的距离时，保存 y 坐标的差值

② 单击"红"、"绿"、"蓝" 3 个颜色按钮，设置画布笔触颜色为对应颜色，如表 2-14-5 所示。

注意： Green、Blue 与 Red 的处理类似，因此直接给出 Green、Blue 的代码模块。

表 2-14-5

功能	单击"红"按钮，设置画笔颜色为相应颜色	
	代码模块	作用说明
事件	`when Red.Click do`	单击"红"按钮 Red 时呼叫本事件
事件动作中的代码模块	`set Canvas1.PaintColor to color Red`	设置画笔颜色为红色
最终模块拼接	`when Red.Click do set Canvas1.PaintColor to color Red`	
其余类似代码模块	`when Green.Click do set Canvas1.PaintColor to color Green` `when Blue.Click do set Canvas1.PaintColor to color Blue`	

③ 每次单击"大号笔触"、"小号笔触"按钮,将画布笔触宽度设置为当前画笔基础宽度上加减 1 的大小,如表 2-14-6 所示。

注意: Smaller 与 Bigger 的处理类似,因此直接给出 Smaller 的代码模块。

表 2-14-6

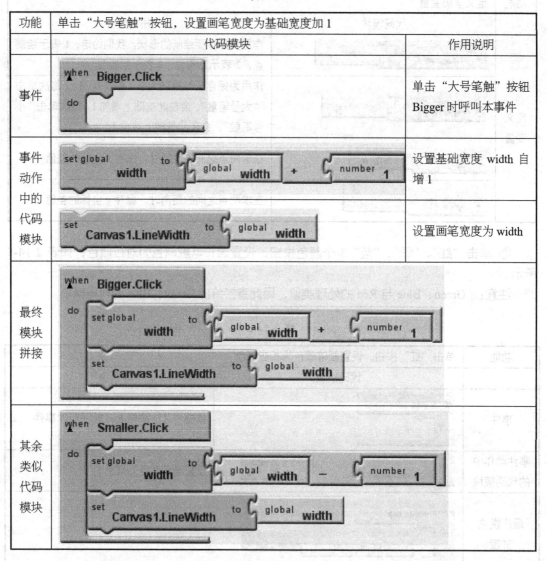

④ 单击"点"、"线"、"圆"按钮,设置形状编号。点为 1,线为 2,圆为 3,如表 2-14-7 所示。

注意:Line、Circle 与 Dot 的处理类似,因此直接给出 Line、Circle 的代码模块。

表 2-14-7

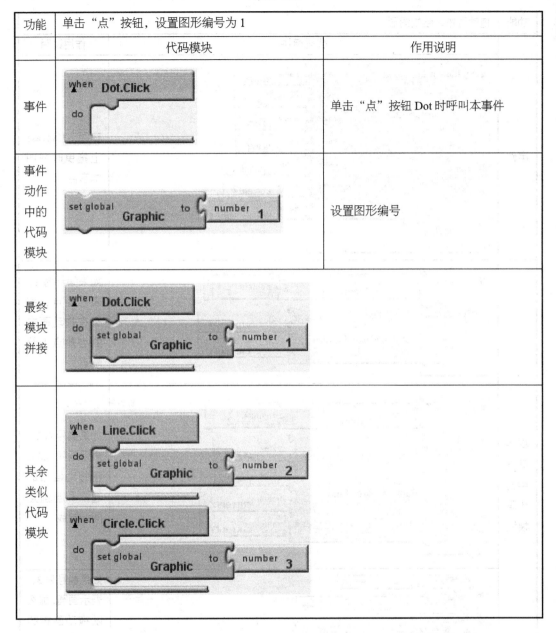

⑤ 在画布上拖动鼠标，则根据画布笔触的颜色、大小和形状编号来绘制对应的图形，如表 2-14-8 所示。

注意：两点 A(x1,y1)、B(x2,y2)的距离公式是：$|AB|=\sqrt{(x_1-x_2)^2+(y_1-y_2)^2}$。

表 2-14-8

功能	拖动画布，绘制图形	
	代码模块	作用说明
事件	when Canvas1.Dragged startX name startX startY name startY prevX name prevX prevY name prevY currentX name currentX currentY name currentY draggedSprite name draggedSprite do	在画布Canvas1上拖曳时呼叫本事件
事件动作中的代码模块	if test global Graphic = number 1 then-do call Canvas1.DrawPoint x value currentX y value currentY	如果编号为1，表示画点，那么在拖动画布的当前点上绘制点
	if test global Graphic = number 2 then-do call Canvas1.DrawLine x1 value prevX y1 value prevY x2 value currentX y2 value currentY	如果编号为2，表示画线，那么在拖动画布的起点和当前点间绘制线
	if test global Graphic = number 3 then-do set global x to value startX − value currentX set global y to value startY − value currentY call Canvas1.DrawCircle x value startX y value startY r call sqrt call + expt base global x exponent number 2 expt base global y exponent number 2	如果编号为3，表示画圆，那么以拖动画布的起点为圆点，起点到当前点的距离为圆半径来绘制圆

续表

功能	拖动画布，绘制图形	
	代码模块	作用说明
最终模块拼接	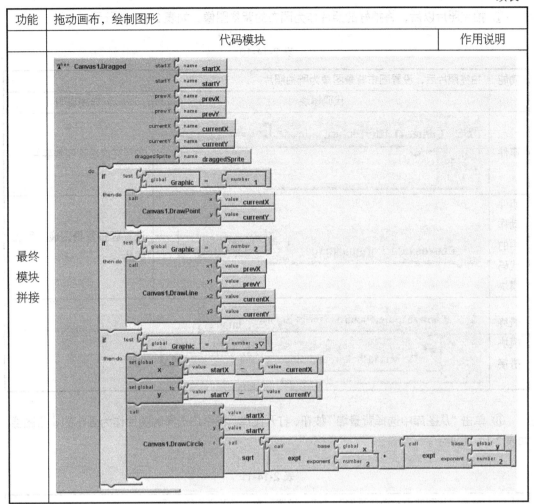	

⑥ 单击"快拍背景墙"按钮，打开照相机，如表2-14-9所示。

表 2-14-9

功能	单击"快拍背景墙"按钮，开始拍照	
	代码模块	作用说明
事件	when Camera.Click do	单击"快拍背景墙"按钮Camera时呼叫本事件
事件动作中的代码模块	call Camera1.TakePicture	启动Android装置上的相机进行拍照
最终模块拼接	when Camera.Click do call Camera1.TakePicture	

⑦ 拍完照片以后，将拍好的照片作为画布的背景图像，如表 2-14-10 所示。

表 2-14-10

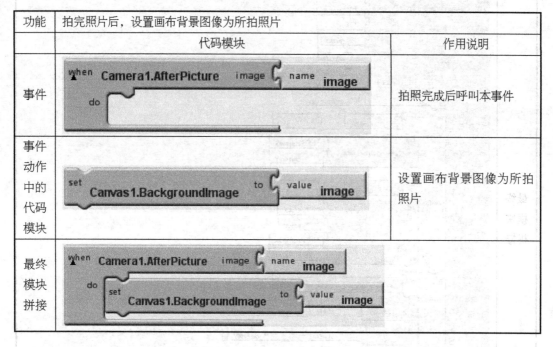

⑧ 单击"从图库中选择背景墙"按钮，打开图库，将用户选择的图片作为画布的背景图像，如表 2-14-11 所示。

表 2-14-11

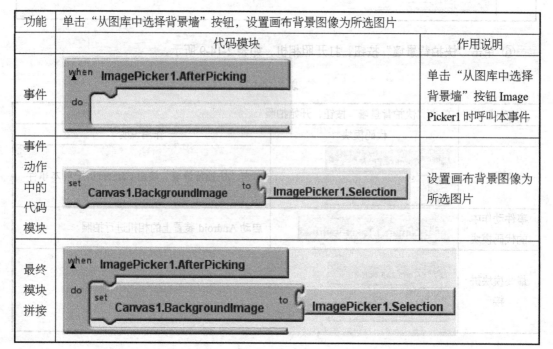

⑨ 单击"清除"按钮，对画布背景和内容进行清除，如表 2-14-12 所示。

表 2-14-12

功能	单击"清除"按钮，清除画布背景和内容	
	代码模块	作用说明
事件	 when Clear.Click do	单击"清除"按钮 Clear 时呼叫本事件
事件动作中的代码模块	 call Canvas1.Clear	清除画布背景和内容
最终模块拼接	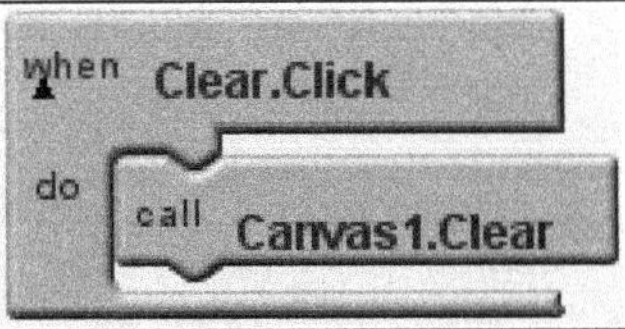 when Clear.Click do call Canvas1.Clear	

（5）项目运行

① 在图块编辑器中单击"New Emulator"新建一个模拟器，初始化完毕，单击"Connect to Device…"，选择"emulator-5554"，即可在模拟器上运行当前项目。

② 连接实体手机到计算机上，单击"Connect to Device…"，选择连接的手机，即可在实体手机上运行当前项目。

注意：涉及照相机拍照，因此只有连接到实体手机时，才能使用拍照功能来设置画布背景图像。

（6）拓展与提高

① 在项目功能实现中的第 5 步，若将绘制直线中的 prevX、prevY 改成 StartX、StartY，效果如何？

② 如何实现绘制矩形？

15. 拍录机

（1）项目需求

拍录机是能够记录图像和声音，并将其保存成影片，以便以后播放观看的一种设备。本项目要求开发一个拍录机程序，能够让用户随时记录影片，并播放录制的影片。运行效果如图 2-15-1 所示。流程图结构如图 2-15-2 所示。

图 2-15-1

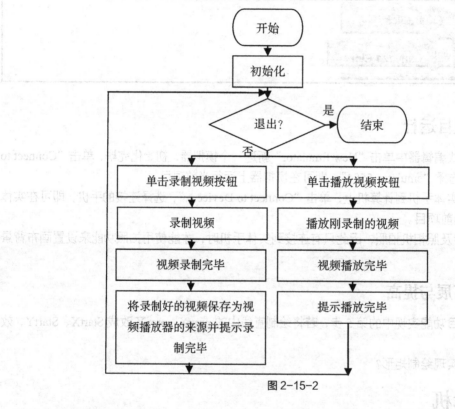

图 2-15-2

（2）项目素材

- 本项目无需其他素材。

（3）项目界面设计

新建项目 RecordVideo。项目设计界面如图 2-15-3 所示。元件结构如图 2-15-4 所示。

图 2-15-3　　　　　　　　　图 2-15-4

打开设计器，根据图 2-15-3、图 2-15-4 进行项目界面设计。项目所需界面元件及属性设置如表 2-15-1 所示。

表 2-15-1

元件	所属面板	重命名	属性名	属性值
Screen1			BackgroundColor	Black
			Scrollable	取消勾选
HorizontalArrangement	Screen Arrangement	HorizontalArrangement1	Width	Fill parent
			AlignHorizontal	Center
Button	Basic	Button1	FontSize	16
			Shape	rounded
			Text	录制视频
Label	Basic	Label1	Text	空
			Width	20
Button	Basic	Button2	FontSiz	16
			Shape	rounded
			Text	播放视频
VideoPlayer 【说明：VideoPlayer 元件用于播放视频】	Media	VideoPlayer1	Width	Fill parent
			Height	Fill parent
Camcorder 【说明：Camcorder 元件用于拍摄视频】	Media	Camcorder1		
Notifier	Other stuff	Notifier1		

（4）项目功能实现

打开图块编辑器，进行项目功能实现。

- 属性、事件、方法清单（每个元件属性、事件、方法具体含义请参考随书光盘或网上电子资源），如表 2-15-2 所示。

表 2-15-2

属性、事件、方法模块	所属面板	作用说明
set VideoPlayer1.Source to	My Blocks→VideoPlayer1	设置要播放的影像视频文件
call Camcorder1.RecordVideo	My Blocks→Camcorder1	启动 Android 装置上的录像机进行录制影像视频
call Notifier1.ShowAlert notice	My Blocks→Notifier1	弹出临时通知，几秒钟后自动消失。其中：notice 为通知的内容
call VideoPlayer1.Start	My Blocks→VideoPlayer1	开始播放影像视频文件
when Button1.Click do	My Blocks→Any Button	单击按钮 Button1 时呼叫本事件
when Camcorder1.AfterRecording clip name clip do	My Blocks→Camcorder1	录制影像视频完成后呼叫本事件。其中：clip 是刚刚所录制影像视频存储于 Android 装置中的位置
when VideoPlayer1.Completed do	My Blocks→VideoPlayer1	当影像视频文件播放完毕后呼叫本事件

- 指令清单（每个指令具体含义请参考随书光盘或网上电子资源），如表 2-15-3 所示。

表 2-15-3

指令模块	所属面板	作用说明
name name	视用途而定	有 3 种用途。 A. 作为定义方法时的参数存在。此时，需要在 Built-In→Definition 中选择此模块，参数个数没有限制，name 是参数名。 B. 作为内置方法的参数存在。此时，调用内置方法时，若此方法有参数，则会自动带有默认名称的参数。 C. 作为指令使用时的变量存在。比如，在使用 foreach 指令时，可以使用 var 来保存每次访问到的数据。此时，指令会自动带有默认名称的变量。 不管哪种情况，都可以通过单击来修改名字
value name	My Blocks→My Definitions	取得自定或内置方法参数的值，或取得指令运行时变量的值。注意，若在定义参数时有修改过名字，那么这里会同步更新
text text	Built-In→Text	字符串常量，默认值为 text。可以通过单击值来修改

- 功能实现。

① 单击"录制视频"按钮，开始录制视频，如表 2-15-4 所示。

表 2-15-4

功能	单击"录制视频"按钮，录制视频	
	代码模块	作用说明
事件	when Button1.Click do	单击"录制视频"按钮 Button1 时呼叫本事件
事件动作中的代码模块	call Camcorder1.RecordVideo	录制视频
最终模块拼接	when Button1.Click do call Camcorder1.RecordVideo	

② 录完视频后，将录好的视频作为视频播放器的视频文件，并弹出消息框提示录制完毕，如表 2-15-5 所示。

表 2-15-5

功能	视频录制完成后,设置视频播放器视频资源为所录的视频,提示录制完毕	
	代码模块	作用说明
事件	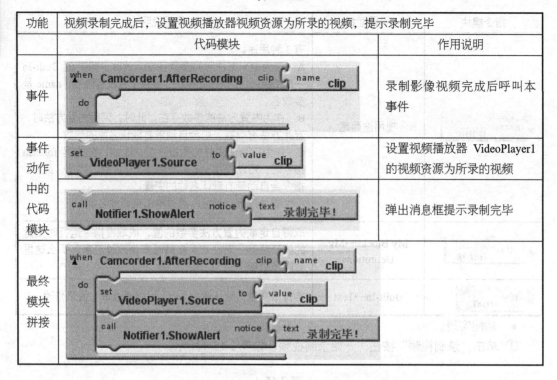	录制影像视频完成后呼叫本事件
事件动作中的代码模块		设置视频播放器 VideoPlayer1 的视频资源为所录的视频
		弹出消息框提示录制完毕
最终模块拼接		

③ 单击"播放视频"按钮,开始播放视频,如表 2-15-6 所示。

表 2-15-6

功能	单击"播放视频"按钮,播放视频	
	代码模块	作用说明
事件	when Button2.Click do	单击"播放视频"按钮 Button2 时呼叫本事件
事件动作中的代码模块	call VideoPlayer1.Start	开始播放影像视频文件
最终模块拼接	when Button2.Click do call VideoPlayer1.Start	

④ 视频播放完毕后,弹出消息框提示播放完毕,如表 2-15-7 所示。

表 2-15-7

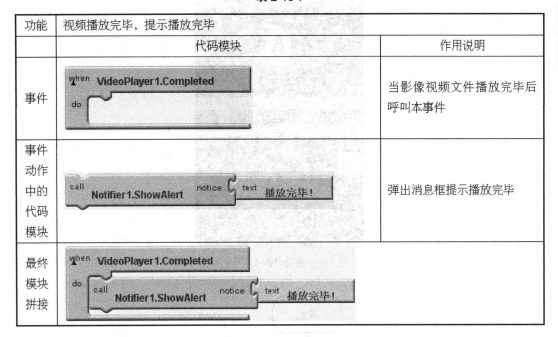

（5）项目运行

① 在图块编辑器中单击"New Emulator"新建一个模拟器，初始化完毕，单击"Connect to Device…"，选择"emulator-5554"，即可在模拟器上运行当前项目。

② 连接实体手机到计算机上，单击"Connect to Device…"，选择连接的手机，即可在实体手机上运行当前项目。

注意：由于涉及拍录机录制视频，因此只有连接到实体手机时才能使用录制功能。

（6）拓展与提高

录制视频完毕，有振动提醒。

16. 健康计步器

（1）项目需求

计步器是一个用于专业测量人体运动量的测量工具。

本项目要求开发一个健康计步器程序，能够记录步数，根据体重和步长计算热量消耗，帮助用户关注自己的健康情况。

运行效果如图 2-16-1 所示。流程图结构如图 2-16-2 所示。

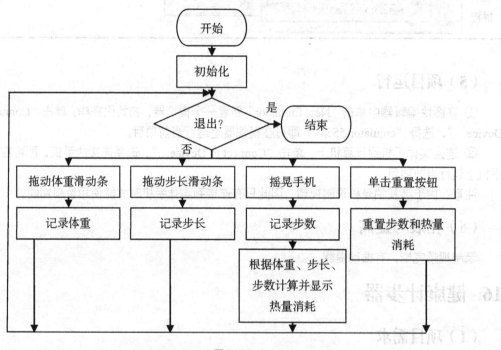

图 2-16-1

图 2-16-2

（2）项目素材

- 本项目无需其他素材。

（3）项目界面设计

新建项目 Pedometer。项目设计界面如图 2-16-3 所示。元件结构如图 2-16-4 所示。

图 2-16-3　　　　　　　　　图 2-16-4

打开设计器，根据图 2-16-3、图 2-16-4 进行项目界面设计。项目所需界面元件及属性设置如表 2-16-1 所示。

表 2-16-1

元件	所属面板	重命名	属性名	属性值
Screen1			BackgroundColor	Black
Label	Basic	Label	FontBold	勾选
			FontSize	100
			Text	0
			TextAlignment	center
			TextColor	Cyan
			Width	Fill parent
Label	Basic	Label_Weight	FontSize	16
			Text	体重（kg）:
			TextColor	White
			Width	Fill parent
Slider	Basic	Slider_Weight	MaxValue	102
			ThumbPosition	10
			Width	Fill parent
Label	Basic	Label_Step	FontSize	16
			Text	步长（cm）:
			TextColor	White
			Width	Fill parent

续表

元件	所属面板	重命名	属性名	属性值
Slider	Basic	Slider_Step	MaxValue	102
			ThumbPosition	10
			Width	Fill parent
Label	Basic	Label_Cal	FontSize	16
			Text	热量消耗
			TextColor	White
			Width	Fill parent
Button	Basic	Button_Reset	FontSize	16
			Text	重置
AccelerometerSensor 【说明：AccelerometerSensor 元件为加速度传感器】	Sensors	AccelerometerSensor1		

说明：此处将两个 Slider 的 MaxValue 设置为 102，在笔者的实体手机上能看到的最大值是 100，但在模拟器上看到的最大值是 101，若要在模拟器上看到最大值是 100，则需要改成 101。考虑到项目涉及加速度感应器的使用，只有在实体手机上才能看到效果，因此将此处的 MaxValue 设置为 102。

（4）项目功能实现

打开图块编辑器，进行项目功能实现。

- 属性、事件、方法清单（每个元件属性、事件、方法具体含义请参考随书光盘或网上电子资源），如表 2-16-2 所示。

表 2-16-2

属性、事件、方法模块	所属面板	作用说明
set Label.Text to	My Blocks→Label	设置标签 Label 的内容
Label.Text	My Blocks→Label	取得标签 Label 的内容
when Slider_Weight.PositionChanged thumbPosition name thumbPosition do	My Blocks→Slider_Weight	滑动条 Slider_Weight 滑块位置改变时呼叫本事件。其中：thumbPosition 是滑块当前位置
when AccelerometerSensor1.Shaking do	My Blocks→AccelerometerSensor1	当 Android 装置正被摇动时会持续呼叫本事件
when Button_Reset.Click do	My Blocks→Button_Reset	单击按钮 Button_Rest 时呼叫本事件

- 指令清单（每个指令具体含义请参考随书光盘或网上电子资源），如表 2-16-3 所示。

表 2-16-3

指令模块	所属面板	作用说明
def variable as	Built-In→Definition	定义变量。variable 是变量名，可以通过单击名字进行修改。as 后面可拼接的内容包括字符串、数字、清单、逻辑值等
global variable	My Blocks→My Definitions	取得全局变量 variable 的值。注意，variable 的名字若在定义变量时有修改过，那么这里会同步更新
set global variable to	My Blocks→My Definitions	设置全局变量 variable 的值。注意，variable 的名字若在定义变量时有修改过，那么这里会同步更新
name name	视用途而定	有 3 种用途。 A. 作为定义方法时的参数存在。此时，需要在 Built-In→Definition 中选择此模块，参数个数没有限制，name 是参数名。 B. 作为内置方法的参数存在。此时，调用内置方法时，若此方法有参数，则会自动带有默认名称的参数。 C. 作为指令使用时的变量存在。比如，在使用 foreach 指令时，可以使用 var 来保存每次访问到的数据。此时，指令会自动带有默认名称的变量。不管哪种情况，都可以通过单击来修改名字
value name	My Blocks→My Definitions	取得自定或内置方法参数的值，或取得指令运行时变量的值。注意，若在定义参数时有修改过名字，那么这里会同步更新
text text	Built-In→Text	字符串常量，默认值为 text。可以通过单击值来修改
join	Built-In→Text	将两个指定字符串连接成一个新的字符串
call make text	Built-In→Text	将所有指定的字符串或数值连接成一个新的字符串
number 123	Built-In→Math	数字常量，默认值为 123。可以通过单击值来修改
+	Built-In→Math	对两个操作数进行求和。可以单击＋号选择其他可操作的运算符
×	Built-In→Math	对两个操作数进行求积。可以单击×号选择其他可操作的运算符
/	Built-In→Math	对两个操作数进行求商。例如 1/2 为 0.5，1/3 为 0.33333，3/1 为 3。可以单击/号选择其他可操作的运算符

- 功能实现。

① 定义全局变量，如表 2-16-4 所示。

表 2-16-4

功能	定义全局变量	
	代码模块	作用说明
定义变量	def weight as number 0	作用为保存用户的体重值
	def step as number 0	作用为保存用户设置的步长值

② 拖动体重滑动条时，将滑块当前位置设置为体重值，如表 2-16-5 所示。

表 2-16-5

功能	拖动体重滑动条滑块，设置体重值	
	代码模块	作用说明
事件	when Slider_Weight.PositionChanged thumbPosition name s_weight do	体重滑动条 Slider_Weight 上滑块位置改变时呼叫本事件
事件动作中的代码模块	set global weight to call floor value s_weight	设置体重值为当前滑块所在位置
	set Label_Weight.Text to text 体重（kg）： join global weight	设置标签 Label_Weight 的内容为当前体重值
最终模块拼接	when Slider_Weight.PositionChanged thumbPosition name s_weight do set global weight to call floor value s_weight set Label_Weight.Text to text 体重（kg）： join global weight	

③ 拖动步长滑动条时，将滑块当前位置设置为步长值，如表 2-16-6 所示。

表 2-16-6

功能	拖动步长滑动条滑块,设置步长值	
	代码模块	作用说明
事件	when Slider_Step.PositionChanged thumbPosition name s_step do	步长滑动条 Slider_Step 上滑块位置改变时呼叫本事件
事件动作中的代码模块	set global step to call floor value s_step	设置步长值为当前滑块所在位置
	set Label_Step.Text to text 步长(cm): join global step	设置标签 Label_Step 的内容为当前体重值
最终模块拼接	when Slider_Step.PositionChanged thumbPosition name s_step do set global step to call floor value s_step set Label_Step.Text to text 步长(cm): join global step	

④ 晃动手机时,实时显示步数和计算显示热量消耗,如表 2-16-7 所示。

热量消耗公式为:体重(kg)×步行距离(km)×1.036。

其中步行距离公式为:步长×步数。

表 2-16-7

功能	晃动手机,显示步数和热量消耗	
	代码模块	作用说明
事件	when AccelerometerSensor1.Shaking do	当 Android 装置正被摇动时会持续呼叫本事件
事件动作中的代码模块	set Label.Text to Label.Text + number 1	每次晃动手机,步数更新
	set Label_Cal.Text to call make text text 热量消耗: text global weight * global step * Label.Text / number 100000 * number 1.036	设置标签 Label_Cal 的内容为热量消耗
最终模块拼接	when AccelerometerSensor1.Shaking do set Label.Text to Label.Text + number 1 set Label_Cal.Text to call make text text 热量消耗: text global weight * global step * Label.Text / number 100000 * number 1.036	

⑤ 单击"重置"按钮，重置步数和热量消耗，如表 2-16-8 所示。

表 2-16-8

功能	单击"重置"按钮，重置数据	
	代码模块	作用说明
事件	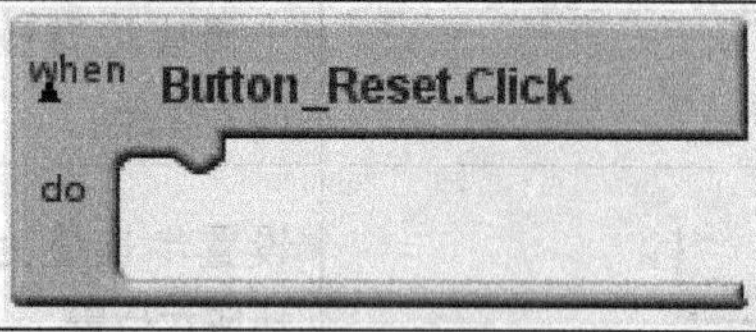 when Button_Reset.Click do	单击"重置"按钮 Button_Reset 时呼叫本事件
事件动作中的代码模块	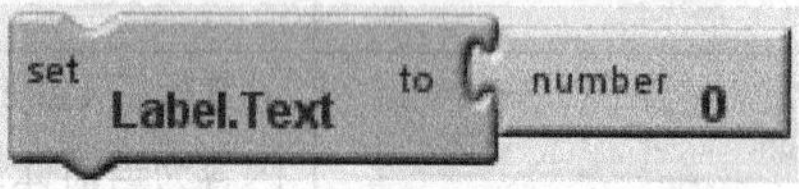 set Label.Text to number 0	设置步数标签 Label 的内容为 0
	 set Label_Cal.Text to text 热量消耗:	设置显示热量消耗的标签 Label_Cal 的文本内容为"热量消耗"
最终模块拼接	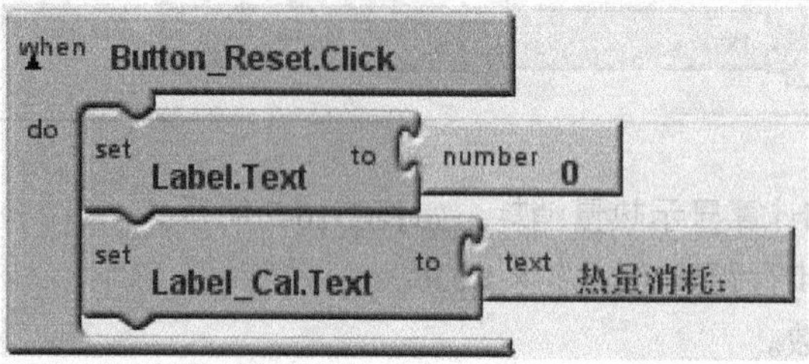 when Button_Reset.Click do set Label.Text to number 0 set Label_Cal.Text to text 热量消耗:	

（5）项目运行

① 在图块编辑器中单击"New Emulator"新建一个模拟器，初始化完毕，单击"Connect to Device…"，选择"emulator-5554"，即可在模拟器上运行当前项目。

② 连接实体手机到计算机上，单击"Connect to Device…"，选择连接的手机，即可在实体手机上运行当前项目。

注意：由于涉及加速度传感器的功能，因此只有连接到实体手机时才能使用此功能。

（6）拓展与提高

添加计时器，记录步行时间。

17. 快速定位

（1）项目需求

快速定位是指根据输入的目的地来在 Google 地图上进行快速定位。

本项目要求开发一个快速定位程序，允许用户选择目的地，选择后马上在 Google 地图上进行定位，Google 地图提供放大缩小功能，以便查看更详尽的信息。

运行效果如图 2-17-1 所示。流程图结构如图 2-17-2 所示。

图 2-17-1

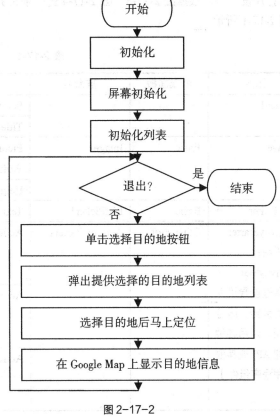

图 2-17-2

（2）项目素材

- 素材路径：光盘/项目开发素材/17。
- 素材资源：map.jpg（地图图片）。

（3）项目界面设计

新建项目 MapLocation。项目设计界面如图 2-17-3 所示。元件结构如图 2-17-4 所示。

图 2-17-3

图 2-17-4

打开设计器,根据图 2-17-3、图 2-17-4 进行项目界面设计。项目所需界面元件及属性设置如表 2-17-1 所示。

表 2-17-1

元件	所属面板	重命名	属性名	属性值
Screen1			Scrollable	取消勾选
			Title	MapLocation
Image	Basic	Image1	Picture	map.jpg
			Width	Fill parent
			Height	250
ListPicker	Basic	ListPicker1	Text	选择目的地
ActivityStarter 【说明:ActivityStarter 元件通过设置可以进行跳转、服务调用、调用各种功能 API 或其他应用程序组件】	Other stuff	ActivityStarter1	Action	android.intent.action.VIEW
			ActivityClass	com.google.android.maps.MapsActivity
			ActivityPackage	com.google.android.apps.maps

(4) 项目功能实现

打开图块编辑器,进行项目功能实现。

- 属性、事件、方法清单(每个元件属性、事件、方法具体含义请参考随书光盘或网上电子资源)如表 2-17-2 所示。

表 2-17-2

属性、事件模块	所属面板	作用说明
set ListPicker1.Elements to	My Blocks→ListPicker1	将清单或字符串的内容作为选择列表 ListPicker1 的项目
ListPicker1.Selection	My Blocks→ListPicker1	在选择列表 ListPicker1 中选择的项目
set ActivityStarter1.DataUri to	My Blocks→ActivityStarter1	传递给欲呼叫 Activity 的 URI
when Screen1.Initialize do	My Blocks→Screen1	应用程序一启动运行就同步呼叫本事件,本事件可用来初始化某些数据以及执行一些前置性操作

续表

属性、事件模块	所属面板	作用说明
when ListPicker1.AfterPicking do	My Blocks→ListPicker1	用户单击选择列表 ListPikcer1 中某项目后呼叫本事件
call ActivityStarter1.StartActivity	My Blocks→ActivityStarter1	启动欲呼叫的 Activity

- 指令清单（每个指令具体含义请参考随书光盘或网上电子资源），如表 2-17-3 所示。

表 2-17-3

指令模块	所属面板	作用说明
def variable as	Built-In→Definition	定义变量。variable 是变量名，可以通过单击名字进行修改。as 后面可拼接的内容包括字符串、数字、清单、逻辑值等
global variable	My Blocks→My Definitions	取得全局变量 variable 的值。注意，variable 的名字若在定义变量时已经修改过，那么这里会同步更新
set global variable to	My Blocks→My Definitions	设置全局变量 variable 的值。注意，variable 的名字若在定义变量时已经修改过，那么这里会同步更新
text text	Built-In→Text	字符串常量，默认值为 text。可以通过单击值来修改
call make text text	Built-In→Text	将所有指定的字符串或数值连接成一个新的字符串
call make a list item	Built-In→Lists	新建一个清单，并自行指定清单元素。若未指定任何元素，则此为一个空清单

- 功能实现。
① 定义全局变量，如表 2-17-4 所示。

表 2-17-4

功能	定义全局变量	
	代码模块	作用说明
定义变量	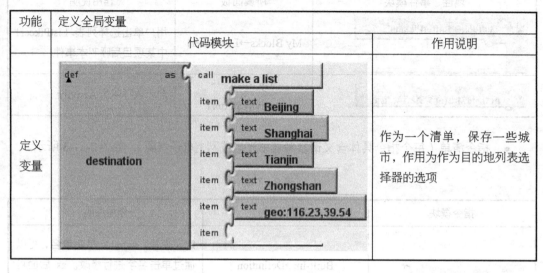	作为一个清单，保存一些城市，作用为作为目的地列表选择器的选项

② 初始化时，给目的地列表选择器赋初始值，将 destination 作为列表选择器的选项，如表 2-17-5 所示。

表 2-17-5

功能	程序初始化，设置列表选择器的内容	
	代码模块	作用说明
事件	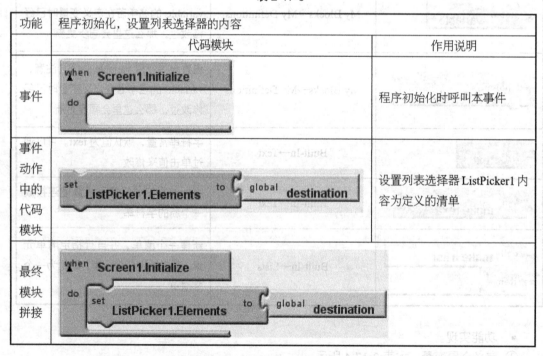	程序初始化时呼叫本事件
事件动作中的代码模块		设置列表选择器 ListPicker1 内容为定义的清单
最终模块拼接		

③ 在目的地列表选择器中选择了某个城市选项后，将选项设置为 ActivityStart1 的 DataUri 的内容，然后通过 ActivityStart1.StartActivity 方法启动，则会根据 ActivityStart1 在界面设计属性中的设置来启动 Google Map 进行定位，如表 2-17-6 所示。

表 2-17-6

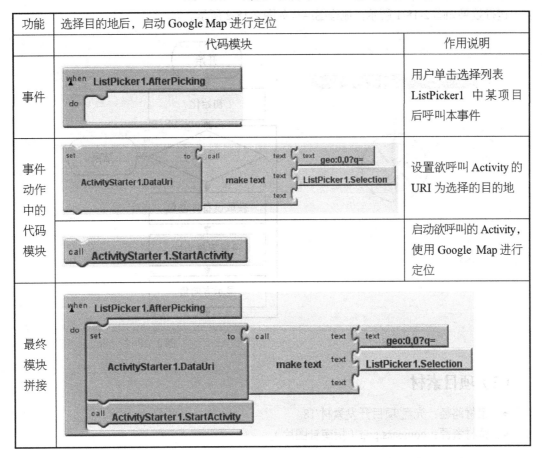

（5）项目运行

① 在图块编辑器中单击 "New Emulator" 新建一个模拟器，初始化完毕，单击 "Connect to Device…"，选择 "emulator-5554"，即可在模拟器上运行当前项目。

② 连接实体手机到计算机上，单击 "Connect to Device…"，选择连接的手机，即可在实体手机上运行当前项目。

（6）拓展与提高

① 如何实现地址不是固定的，根据用户输入进行定位。
② 考虑加入 GPS，显示当前在地图上的位置。

18. 指南针

（1）项目需求

指南针是一种判别方位的简单仪器，又称指北针。

本项目要求开发一个指南针程序，罗盘图片能够随着手机顶部的朝向变化旋转角度，并实时将手机的方位角显示在标签组件中，方便用户随时辨别方位。

运行效果如图 2-18-1 所示。流程图结构如图 2-18-2 所示。

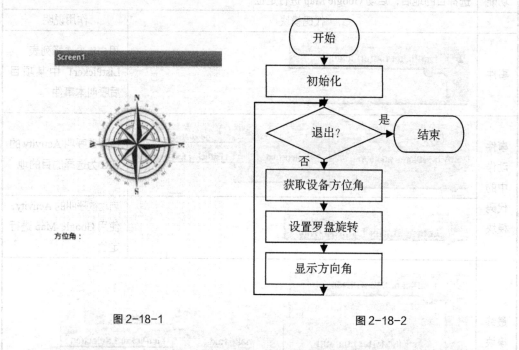

图 2-18-1　　　　　　　　　　　　　图 2-18-2

（2）项目素材

- 素材路径：光盘/项目开发素材/18。
- 素材资源：compass.png（指南针图片）。

（3）项目界面设计

新建项目 Compass。项目界面设计如图 2-18-3 所示。元件结构如图 2-18-4 所示。

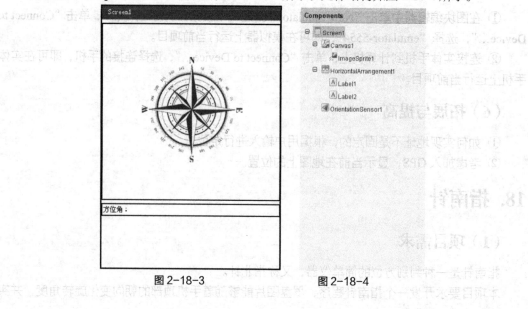

图 2-18-3　　　　　　　　　　　　　图 2-18-4

打开设计器，根据图 2-18-3、图 2-18-4 进行项目界面设计。项目所需界面元件及属性设置如表 2-18-1 所示。

表 2-18-1

元件	所属面板	重命名	属性及设置	
Canvas	Basic	Canvas1	Width	Fill parent
			Height	300
ImageSprite	Animation	ImageSprite1	Picture	compass.png
			X	68
			Y	54
HorizontalArrangement	Screen Arrangement	HorizontalArrangement1	Width	Fill parent
Label	Basic	Label1	Text	方位角：
Label	Basic	Label2	Text	空
OrientationSensor 【说明：OrientationSensor 元件为方向传感器】	Sensors	OrientationSensor1		

（4）项目功能实现

打开图块编辑器，进行项目功能实现。

- 属性、事件清单（每个元件属性、事件具体含义请参考随书光盘或网上电子资源），如表 2-18-2 所示。

表 2-18-2

属性、事件模块	所属面板	作用说明
 set Label2.Text to	My Blocks→Label2	设置标签 Label2 的内容
 set ImageSprite1.Heading to	My Blocks→ImageSprite1	设置图片动画 ImageSprite1 的旋转方向，单位为度。水平向右为 0 度，垂直向上为 90 度，水平向左为 180 度，垂直向下为 270 度
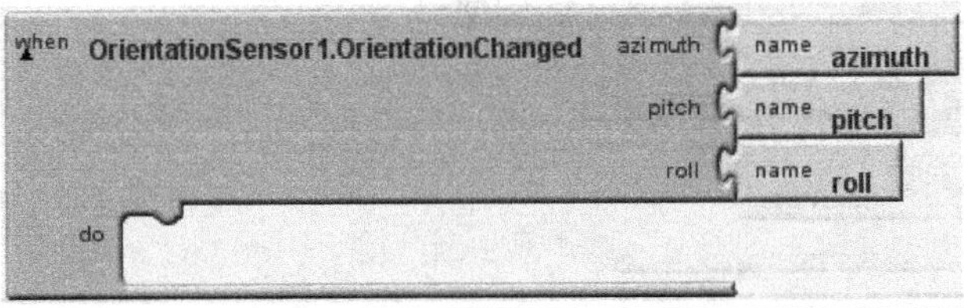 when OrientationSensor1.OrientationChanged azimuth name azimuth pitch name pitch roll name roll do	My Blocks→Button1	方向改变时呼叫本事件

- 指令清单（每个指令具体含义请参考随书光盘或网上电子资源），如表2-18-3所示。

表 2-18-3

指令模块	所属面板	作用说明
name name	视用途而定	有3种用途。 A. 作为定义方法时的参数存在。此时，需要在Built-In→Definition中选择此模块，参数个数没有限制，name是参数名。 B. 作为内置方法的参数存在。此时，调用内置方法时，若此方法有参数，则会自动带有默认名称的参数。 C. 作为指令使用时的变量存在。比如，在使用foreach指令时，可以使用var来保存每次访问到的数据。此时，指令会自动带有默认名称的变量。 不管哪种情况，都可以通过单击来修改名字
value name	My Blocks→My Definitions	取得自定或内置方法参数的值，或取得指令运行时变量的值。注意，若在定义参数时已经修改过名字，那么这里会同步更新

- 功能实现。

手机方向改变时，设置图片旋转的角度，并将方位角显示在标签元件中，如表2-18-4所示。

表 2-18-4

功能	手机方向改变时，设置图片旋转角度，显示方向角	
	代码模块	作用说明
事件	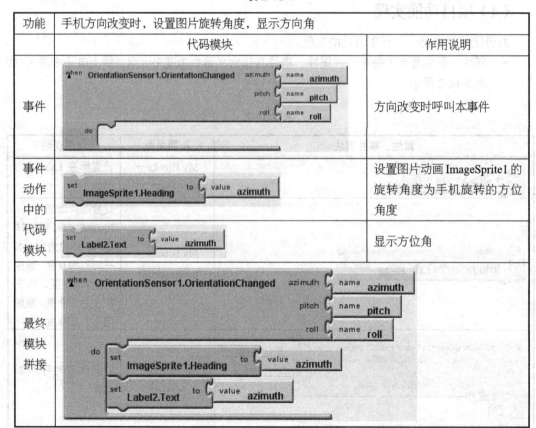	方向改变时呼叫本事件
事件动作中的代码模块		设置图片动画ImageSprite1的旋转角度为手机旋转的方位角度
		显示方位角
最终模块拼接		

（5）项目运行

① 在图块编辑器中单击"New Emulator"新建一个模拟器，初始化完毕，单击"Connect to Device…"，选择"emulator-5554"，即可在模拟器上运行当前项目。

② 连接实体手机到计算机上，单击"Connect to Device…"，选择连接的手机，即可在实体手机上运行当前项目。

注意：模拟器不支持传感器等功能，因此要看到指南针图片随着手机朝向的改变而旋转，则需要将项目链接到手机，并且手机必须带有陀螺仪，即方向感应器，否则指南针图片不会旋转。

（6）拓展与提高

① 在标签组件中显示具体的方位，如"东南"、"西北"。
② 配合"快速定位"项目，为前往目的地指引方向。

19. 记事本

（1）项目需求

记事本能够用于记录日程、任务或其他一些信息，以便在需要时查阅。

本项目要求开发一个记事本程序，能够让用户编写文本并保存到数据库中，能够让用户通过单击"上一条"、"下一条"、"删除此条记录"等按钮对记事本中的每条记录信息进行翻阅和删除。

运行效果如图 2-19-1 所示。流程图结构如图 2-19-2 所示。

图 2-19-1

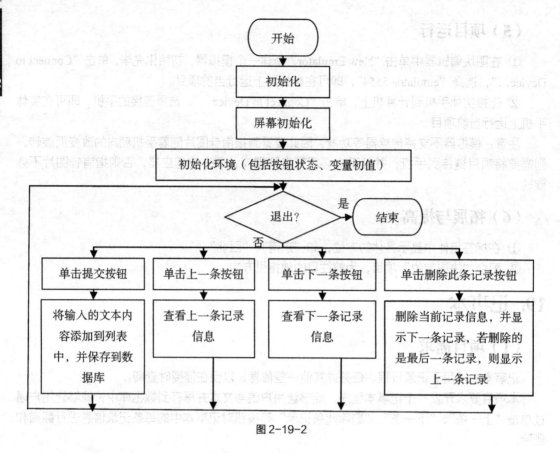

图 2-19-2

（2）项目素材

- 本项目无需其他素材。

（3）项目界面设计

新建项目 Notepad。项目设计界面如图 2-19-3 所示。元件结构如图 2-19-4 所示。

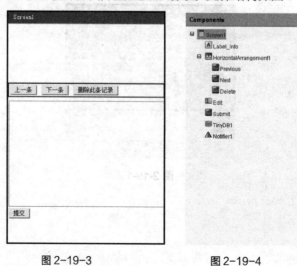

图 2-19-3　　　　　　图 2-19-4

打开设计器，根据图 2-19-3、图 2-19-4 进行项目界面设计。项目所需界面元件及属性设置如表 2-19-1 所示。

表 2-19-1

元件	所属面板	重命名	属性名	属性值
Label	Basic	Label1	Text	空
			Width	Fill parent
			Height	100
HorizontalArrangement	Screen Arrangement	HorizontalArrangement1	Width	Fill parent
Button	Basic	Previous	Text	上一条
Button	Basic	Next	Text	下一条
Button	Basic	Delete	Text	删除此条记录
TextBox	Basic	Edit	Hint	请输入内容
			MultiLine	勾选
			Width	Fill parent
			Hieght	200
Button	Basic	Submit	Text	提交
TinyDB	Basic	TinyDB1		
Notifier	Basic	Notifier1		

（4）项目功能实现

打开图块编辑器，进行项目功能实现。

- 属性、事件、方法清单（每个元件属性、事件、方法具体含义请参考随书光盘或网上电子资源），如表 2-19-2 所示。

表 2-19-2

属性、事件、方法模块	所属面板	作用说明
 set Previous.Enabled to	My Blocks→Previous	设置"上一条"按钮 Previous 的可用性。true 表示按钮可被单击，false 表示按钮不可被单击
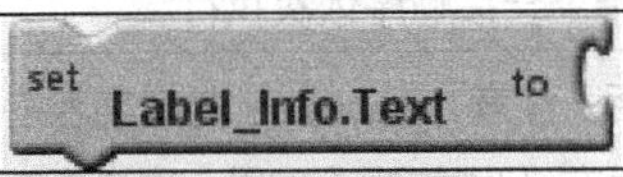 set Label_Info.Text to	My Blocks→Label_Info	设置标签 Label_Info 的内容
 set Edit.Text to	My Blocks→Edit	设置文本框 Edit 的内容
 when Previous.Click do	My Blocks→Previous	单击"上一条"按钮 Previous 时呼叫本事件

续表

属性、事件、方法模块	所属面板	作用说明
when Screen1.Initialize do	My Blocks→Screen1	应用程序一启动运行就同步呼叫本事件，本事件可用来初始化某些数据以及执行一些前置性操作
call TinyDB1.StoreValue tag valueToStore	My Blocks→TinyDB1	在指定标签下存储一笔数据。其中：tag 是标签，必须为字符串；valueToStore 是要存储的数据，可以是字符串或清单
call TinyDB1.GetValue tag	My Blocks→TinyDB1	读取指定标签下数据的方法，如果没有任何数据，则返回空字符串。其中：tag 是标签，必须为字符串
call Notifier1.ShowAlert notice	My Blocks→Notifier1	弹出临时通知，几秒钟后自动消失。其中：notice 为通知的内容

- 指令清单（每个指令具体含义请参考随书光盘或网上电子资源），如表 2-19-3 所示。

表 2-19-3

指令模块	所属面板	作用说明
def variable as	Built-In→Definition	定义变量。variable 是变量名，可以通过单击名字进行修改。as 后面可拼接的内容包括字符串、数字、清单、逻辑值等
global variable	My Blocks→My Definitions	取得全局变量 variable 的值。注意，variable 的名字若在定义变量时已经修改过，那么这里会同步更新
set global variable to	My Blocks→My Definitions	设置全局变量 variable 的值。注意，variable 的名字若在定义变量时已经修改过，那么这里会同步更新
to procedure arg do	Built-In→Definition	方法的定义。procedure 是方法名，可以通过单击名字进行修改。作用是将多个指令集合在一起，以后调用该方法时，被集合在其中的指令会按顺序依次执行
call procedure	My Blocks→My Definitions	方法的调用。注意，procedure 的名字若在定义方法时有修改过，那么这里同步更新
text text	Built-In→Text	字符串常量，默认值为 text。可以通过单击值来修改
is text empty? text	Built-In→Text	返回指定字符串 text 是否为空，若为空返回 true，否则返回 false

续表

指令模块	所属面板	作用说明
text= text1 / text2	Built-In→Text	返回第一个字符串 text1 在字母排列上是否与第二个字符串 text2 相等。若是，则返回 true，否则返回 false
call make a list / item	Built-In→Lists	新建一个清单，并自行指定清单元素。若未指定任何元素，则此为一个空清单
call select list item / list / index	Built-In→Lists	取得清单 list 指定位置 index 的元素内容，清单中第一个元素的位置为 1
call length of list / list	Built-In→Lists	返回指定清单 list 的长度，即清单元素数目
call add items to list / list / item	Built-In→Lists	将指定内容 item 添加到清单 list 后面
number 123	Built-In→Math	数字常量，默认值为 123。可以通过单击值来修改
+	Built-In→Math	对两个操作数进行求和。可以单击+号选择其他可操作的运算符
−	Built-In→Math	对两个操作数进行求差。可以单击−号选择其他可操作的运算符
>=	Built-In→Math	比较两个指定数字。如果前者大于等于后者返回 true，否则返回 false
<=	Built-In→Math	比较两个指定数字。如果前者小于或等于后者返回 true，否则返回 false
=	Built-In→Math	比较两个指定数字。如果相等返回 true，否则返回 false
true	Built-In→Logic	布尔类型常数的真。用来设置元件的布尔属性值，或用来表示某种状况的变量值
false	Built-In→Logic	布尔类型常数的假。用来设置元件的布尔属性值，或用来表示某种状况的变量值
if test / then-do	Built-In→Control	条件语句，测试指定条件 test，若为 true 则执行 then-do 中的指令，反之则跳过此代码块
ifelse test / then-do / else-do	Built-In→Control	条件语句，测试指定条件 test，若为 true 则执行 then-do 中的指令，反之则执行 else-do 中的指令

- 功能实现。

① 定义全局变量，如表 2-19-4 所示。

表 2-19-4

功能	定义全局变量	
	代码模块	作用说明
定义变量	def content as call make a list item	保存所有记录信息
	def count as number 0	保存列表中的记录数量
	def index as number 0	保存用户当前操作的记录在列表中的位置（或索引）

② 在多处需要读取数据库中保存的所有记录信息清单，并计算清单的记录数量，因此，我们在此定义 1 个名为 init 的方法完成此功能，以节省代码空间，如表 2-19-5 所示。

表 2-19-5

功能	读取记录信息，计算记录数量	
	代码模块	作用说明
方法	to init arg do	定义读取记录信息和计算记录数量的方法 init
方法中的代码模块	set global content to call TinyDB1.GetValue tag text contentTag	设置清单 content 的内容为数据库中标记名为"contentTag"对应的记录信息
	ifelse test is text empty? text global content then-do set global content to call make a list item set global count to number 0 else-do set global count to call length of list list global content	如果清单 content 为空，说明数据库当前没有任何记录信息，则新建一个空清单以便保存用户输入的新数据，并设置记录数量的变量 count 为 0；否则，说明数据库当前已经存有记录信息，则设置记录数量的变量 count 为当前记录信息的总数量
最终模块拼接	to init arg do set global content to call TinyDB1.GetValue tag text contentTag ifelse test is text empty? text global content then-do set global content to call make a list item set global count to number 0 else-do set global count to call length of list list global content	

③ 初始化时，根据数据库中的记录信息清单，设置相应按钮的可用性。先调用 init 方法，读取数据库中保存的所有记录信息列表，并计算列表的记录数量，将记录数量保存到 count 中，并将 index 设置为 count。若 count 等于 0，表示当前没有任何记录，那么"上一条"、"下一条"、"删除此条记录"按钮都应该设置为不可用；若 count 等于 1，表示当前只有 1 条记录，那么"上一条"、"下一条"按钮设置为不可用，并将这条记录显示出来；若 count 大于等于 2，表示当前有两条或以上的记录，将"上一条"按钮设置为不可用，并将 index 的值设置为 1，默认显示第一条记录。如表 2-19-6 所示。

表 2-19-6

功能	程序初始化时，根据记录信息列表情况设置索引，设置相应按钮可用性，显示相应信息	
	代码模块	作用说明
事件	when Screen1.Initialize do	程序初始化时呼叫本事件
事件动作中的代码模块	call init	调用 init 方法，读取记录信息，计算记录数量
	set global index to global count	设置索引为记录信息清单的最后一个位置
	if test global count = number 0 then-do set Previous.Enabled to false set Next.Enabled to false set Delete.Enabled to false	记录数量 count 等于 0，表示当前没有任何记录，那么"上一条"、"下一条"、"删除此条记录"按钮都应该设置为不可用
	if test global count = number 1 then-do set Previous.Enabled to false set Next.Enabled to false set Label_Info.Text to call select list item list global content index number 1	记录数量 count 等于 1，表示当前只有 1 条记录，那么"上一条"、"下一条"按钮设置为不可用，并将这条记录显示出来
	if test global count >= number 2 then-do set Previous.Enabled to false set global index to number 1 set Label_Info.Text to call select list item list global content index number 1	记录数量 count 大于等于 2，表示当前有两条或以上的记录，将"上一条"按钮设置为不可用，并将 index 的值设置为 1，默认显示第一条记录。修改索引 index 为记录信息清单的第一个位置

续表

功能	程序初始化时，根据记录信息列表情况设置索引，设置相应按钮可用性，显示相应信息
代码模块	作用说明
最终模块拼接	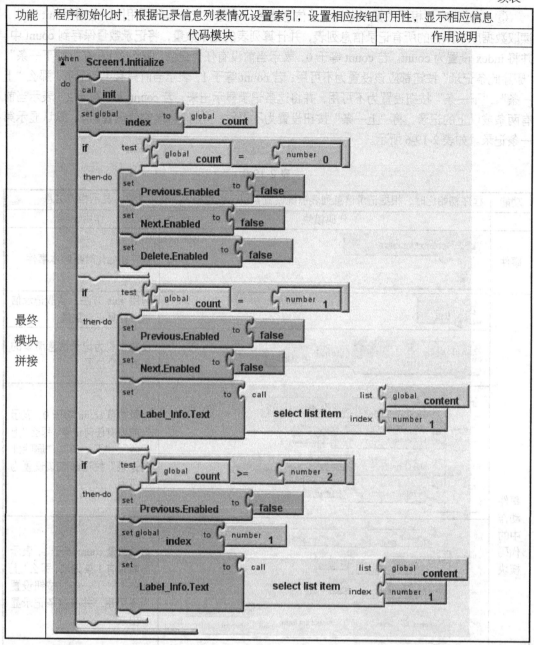

④ 单击"上一条"按钮，显示当前记录的上一条记录信息，若已经是第一条记录，则将"上一条"按钮设置为不可用，如果当前的记录数量小于等于1，则将"上一条"和"下一条"按钮都设置为不可用，如表2-19-7所示。

表 2-19-7

功能	单击"上一条"按钮，显示上一条记录，设置按钮状态	
	代码模块	作用说明
事件	when Previous.Click do	单击"上一条"按钮 Previous 时呼叫本事件
事件动作中的代码模块	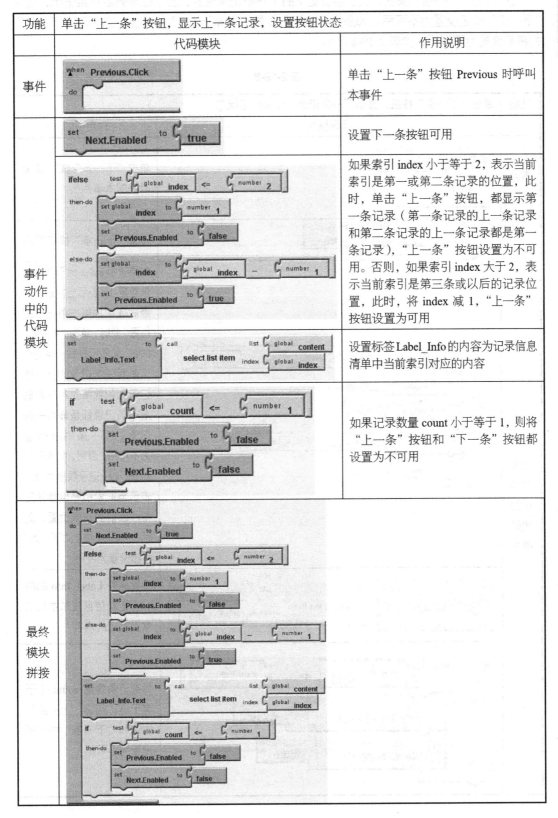	设置下一条按钮可用
		如果索引 index 小于等于 2，表示当前索引是第一或第二条记录的位置，此时，单击"上一条"按钮，都显示第一条记录（第一条记录的上一条记录和第二条记录的上一条记录都是第一条记录），"上一条"按钮设置为不可用。否则，如果索引 index 大于 2，表示当前索引是第三条或以后的记录位置，此时，将 index 减 1，"上一条"按钮设置为可用
		设置标签 Label_Info 的内容为记录信息清单中当前索引对应的内容
		如果记录数量 count 小于等于 1，则将"上一条"按钮和"下一条"按钮都设置为不可用
最终模块拼接		

⑤ 单击"下一条"按钮，显示当前记录的下一条记录信息，若已经是最后一条记录，则将"下一条"按钮设置为不可用。如果当前的记录数量小于等于1，则将"上一条"和"下一条"按钮都设置为不可用，如表2-19-8所示。

表 2-19-8

功能	单击"下一条"按钮，显示下一条记录、设置按钮状态	
	代码模块	作用说明
事件	`when Next.Click do`	单击"下一条"按钮Next时呼叫本事件
事件动作中的代码模块	`set Previous.Enabled to true`	设置"上一条"按钮可用
	`ifelse test (global index >= global count - number 1) then-do set global index to global count, set Next.Enabled to false else-do set global index to global index + number 1, set Next.Enabled to true`	如果索引index大于等于记录数量-1，表示当前索引是最后或倒数第二条记录的位置，此时，单击"下一条"按钮，都显示最后一条记录（最后一条记录的上一条记录和倒数第二条记录的上一条记录都是最后一条记录），"下一条"按钮设置为不可用。否则，如果索引index小于记录数量减1，表示当前索引是倒数第三条或以前的记录位置，此时，将index加1，"下一条"按钮设置为可用
	`set Label_Info.Text to call select list item list global content index global index`	设置标签Label_Info的内容为记录信息清单中当前索引对应的内容
	`if test (global count <= number 1) then-do set Previous.Enabled to false, set Next.Enabled to false`	如果记录数量count小于等于1，则将"上一条"按钮和"下一条"按钮都设置为不可用

续表

功能	单击"下一条"按钮，显示下一条记录、设置按钮状态	
	代码模块	作用说明
最终模块拼接	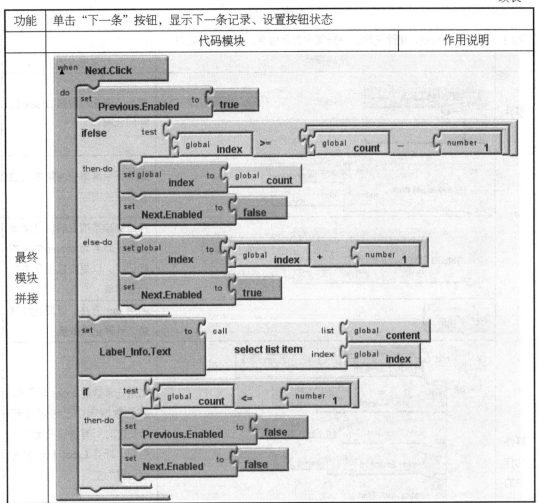	

⑥ 单击"删除此条记录"按钮，将当前记录从列表中删除掉，并将删除记录后的清单保存到数据库中，再调用 init 方法重新读取删除后的清单信息和记录数量。如果 count 等于 0，那么"上一条"、"下一条"、"删除此条记录"按钮都要设置为不可用，并将 Label_Info 元件文本设置为空。如果 count 等于 1，则删除的是删除前清单的最后一项，那么 index 需要减 1，然后将"上一条"、"下一条"按钮设置为不可用，将"删除此条记录"按钮设置为可用，并将当前索引下的信息显示出来。如果 count 大于等于 2，再判断 index 的值。如果 index 等于 1，表示删除的是第一项，那么将"上一条"按钮设置为不可用，"下一条"和"删除此条记录"按钮设置为可用；如果 index 等于 count 加 1，表示删除的是最后一项，那么将 index 减 1，并将"上一条"和"删除此条记录"按钮设置为可用，"下一条"按钮设置为不可用；如果 index 不等于 1 也不等于 count+1，表示删除的是中间的记录，将"上一条"、"下一条"、"删除此条记录"按钮设置为可用。最后根据 index 将记录显示出来。总而言之，若删除的是最后一条记录，则显示上一条记录信息，否则显示下一条记录信息，相应按钮要根据情况进行设置，如表 2-19-9 所示。

表 2-19-9

功能	单击删除按钮,删除记录,根据情况显示信息,设置按钮状态	
	代码模块	作用说明
事件	when Delete.Click / do	单击"删除"按钮 Delete 时呼叫本事件
事件动作中的代码模块	call remove list item / list: global content / index: global index	删除记录清单中当前索引位置对应的内容
	call TinyDB1.StoreValue / tag: text contentTag / valueToStore: global content	存储删除某项后的记录清单到数据库名为 contentTag 的标记中,以更新数据库中的记录清单
	call init	调用 init 方法,读取记录信息,计算记录数量
	if test: global count = number 0 / then-do: set Previous.Enabled to false / set Next.Enabled to false / set Delete.Enabled to false / set Label_Info.Text to text ""	如果记录数量 count 等于 0,表示数据库中已经没有记录,此时所有按钮设置为不可用,标签 Label_Info 的内容设置为空
	if test: global count = number 1 / then-do: if test: global index not= number 1 / then-do: set global index to global index − number 1 / set Previous.Enabled to false / set Next.Enabled to false / set Delete.Enabled to true / set Label_Info.Text to call select list item / list: global content / index: global index	如果记录数量 count 等于 1,表示数据库中只有一条记录,此时如果索引 index 不等于 1,表示删除的不是第一条记录,则将索引自减 1,以便显示上一条记录,否则如果删除的是第一条记录,则索引 index 不需要进行重新设置,仍然保持第一条记录的索引。同时,设置"上一条"、"下一条"按钮为不可用,删除按钮为可用,设置 Label_Info 的内容为记录信息列表当前索引的内容

续表

功能	单击删除按钮，删除记录，根据情况显示信息，设置按钮状态	
	代码模块	作用说明
事件动作中的代码模块	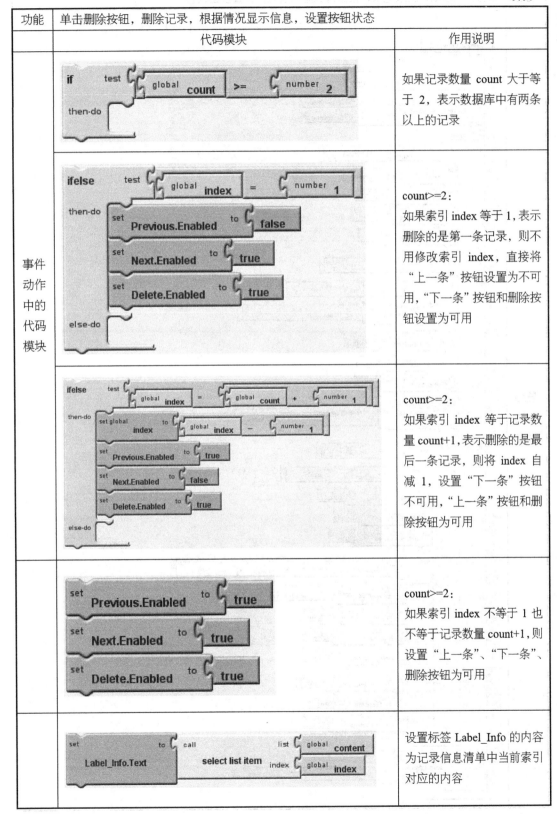	如果记录数量 count 大于等于 2，表示数据库中有两条以上的记录
		count>=2：如果索引 index 等于 1，表示删除的是第一条记录，则不用修改索引 index，直接将"上一条"按钮设置为不可用，"下一条"按钮和删除按钮设置为可用
		count>=2：如果索引 index 等于记录数量 count+1，表示删除的是最后一条记录，则将 index 自减 1，设置"下一条"按钮不可用，"上一条"按钮和删除按钮为可用
		count>=2：如果索引 index 不等于 1 也不等于记录数量 count+1，则设置"上一条"、"下一条"、删除按钮为可用
		设置标签 Label_Info 的内容为记录信息清单中当前索引对应的内容

功能	单击删除按钮，删除记录，根据情况显示信息，设置按钮状态	
	代码模块	作用说明
最终模块拼接	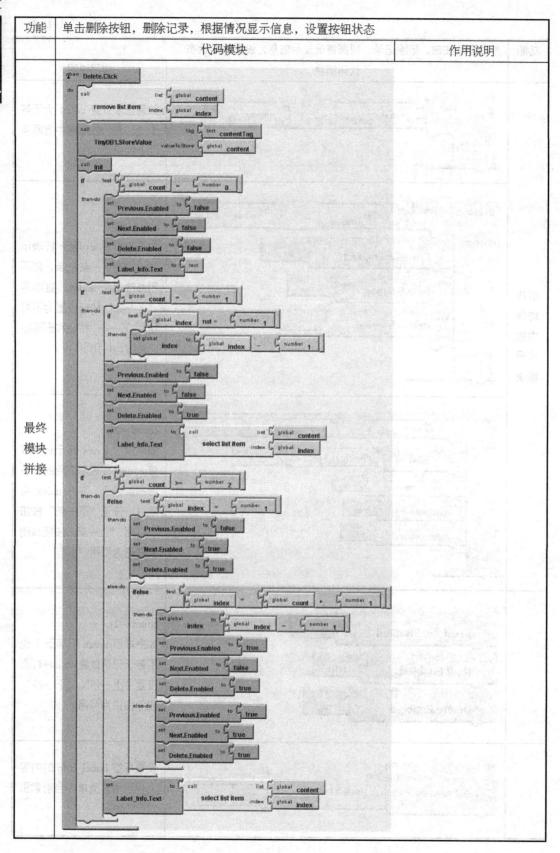	

⑦ 单击"提交"按钮，将输入的文本信息（非空）保存到列表中，再将列表保存到数据库中，然后调用 init 方法重新读取删除后的列表信息和记录数量，重新设置 index 等于 count，将 Label_Info 的 Text 设置为输入的文本，表示插入一条记录后，将其插入到列表的最后，并将其作为当前显示出来的记录信息。Edit 重置为空，以便用户输入下一条记录，设置"删除此条记录"按钮为可用，设置"下一条"按钮为不可用，如果 count 大于等于 2，设置"上一条"按钮为可用，否则设置为不可用。若输入的文本信息为空，则提示"不能为空"，如表 2-19-10 所示。

表 2-19-10

功能	单击"提交"按钮，保存输入的记录到数据库中，设置相应的信息和按钮状态	
	代码模块	作用说明
事件	when Submit.Click do	单击"提交"按钮时呼叫本事件
事件动作中的代码模块	ifelse test not text= text1 Edit.Text text2 text then-do else-do	如果文本框 Edit 的内容不是空的话，则执行 then-do 后的代码，否则执行 else-do 后的代码
	call add items to list list global content item Edit.Text item	then-do 后的代码，即文本不为空：添加 Edit 的内容到记录清单的最后
	call TinyDB1.StoreValue tag text contentTag valueToStore global content	then-do 后的代码，即文本不为空：将记录清单存储到数据库标记为 contentTag 中，以更新数据库中的记录清单
	call init	then-do 后的代码，即文本不为空：调用 init 方法，读取记录信息，计算记录数量
	set global index to global count	then-do 后的代码，即文本不为空：设置索引为当前记录数量
	set Label_Info.Text to Edit.Text	then-do 后的代码，即文本不为空：设置标签 Label_Info 的内容为记录信息清单中当前索引对应的内容

续表

功能	单击"提交"按钮，保存输入的记录到数据库中，设置相应的信息和按钮状态	
	代码模块	作用说明
事件动作中的代码模块	set Edit.Text to text	then-do 后的代码，即文本不为空：设置文本框 Edit 的内容为空
	set Delete.Enabled to true set Next.Enabled to false	then-do 后的代码，即文本不为空：设置删除按钮为可用，"下一条"按钮为不可用
	ifelse test global count >= number 2 then-do set Previous.Enabled to true else-do set Previous.Enabled to false	then-do 后的代码，即文本不为空：如果记录数量 count 大于等于 2，那么设置"上一条"按钮为可用，否则设置"上一条"按钮为不可用
	call Notifier1.ShowAlert notice text 不能为空！	else-do 后的代码，即文本为空：弹出消息框提示不能为空
最终模块拼接	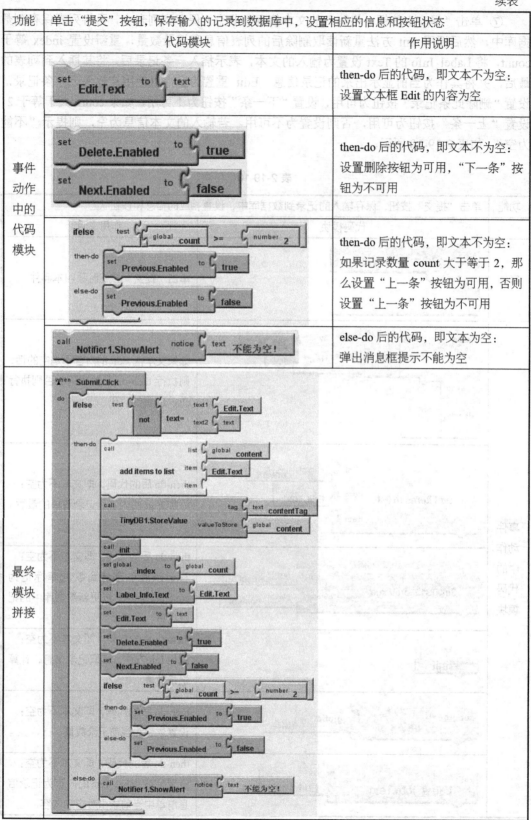	

（5）项目运行

① 在图块编辑器中单击"New Emulator"新建一个模拟器，初始化完毕，单击"Connect to Device…"，选择"emulator-5554"，即可在模拟器上运行当前项目。

② 连接实体手机到计算机上，单击"Connect to Device…"，选择连接的手机，即可在实体手机上运行当前项目。

（6）拓展与提高

① 思考如何添加修改记录信息的功能。
② 思考如何添加删除全部记录信息的功能。

20. 天气预报

（1）项目需求

天气预报能够预测未来一段时间的天气情况。

本项目要求开发一个天气预报程序，能够根据用户输入的省市信息，显示该城市当天的天气情况。

运行效果如图 2-20-1 所示。流程图结构如图 2-20-2 所示。

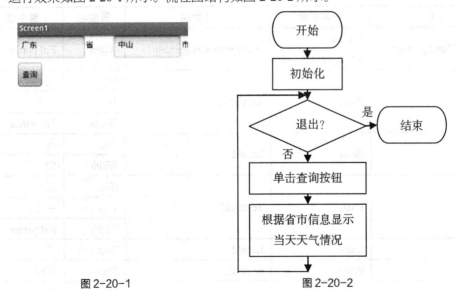

图 2-20-1　　　　　　　　　　图 2-20-2

（2）项目素材

- 本项目无需其他素材。

（3）项目界面设计

新建项目 Weather。项目界面设计如图 2-20-3 所示，元件结构如图 2-20-4 所示。

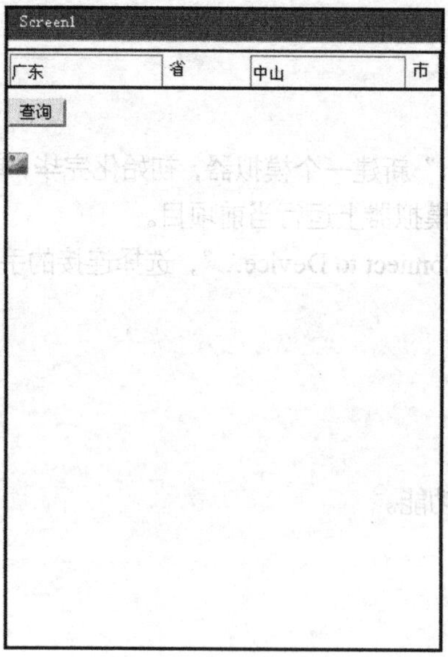

图 2-20-3

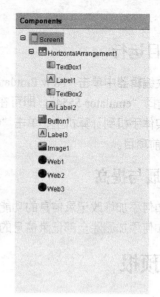

图 2-20-4

打开设计器,根据图 2-20-3、图 2-20-4 进行项目界面设计。项目所需界面元件及属性设置如表 2-20-1 所示。

表 2-20-1

元件	所属面板	重命名	属性名	属性值
HorizontalArrangement	Screen Arrangement	HorizontalArrangement1	Width	Fill parent
TextBox	Basic	TextBox1	Hint	空
			Text	广东
			Width	Fill parent
Label	Basic	Label1	Text	省
			Width	50
TextBox	Basic	TextBox2	Hint	空
			Text	中山
			Width	Fill parent
Label	Basic	Label2	Text	市
Button	Basic	Button1	Text	查询
Label	Basic	Label3	Text	空
			Width	Fill parent
Image	Basic	Image1		
Web(3 个)【说明:Web 元件用于访问网页】	Other stuff	分别为 Web1、Web2、Web3		

说明：获得天气情况数据的流程如下。

① 访问中国天气网 http://flash.weather.com.cn/wmaps/xml/china.xml，找到所需省份，如广东（guangdong）。

② 访问 http://flash.weather.com.cn/wmaps/xml/ 省份.xml，将此处的省份替换成对应的省份拼音，如 http://flash.weather.com.cn/wmaps/xml/ guangdong.xml，找到所需城市，如中山，记录下对应 url 的值，如中山对应的 url 为 101281701。

③ 访问 http://m.weather.com.cn/data/编码.html，将此处的编码替换成对应的 url 编码，如 http://m.weather.com.cn/data/101281701.html，将看到城市的天气情况数据。此处看到的数据都是成对出现的，如 "city"：中山为一组数据，依此类推。

我们在界面布局时用 3 个 Web 元件，每个元件将访问一个网页。

（4）项目功能实现

打开图块编辑器，进行项目功能实现。

- 属性、事件、方法清单（每个元件属性、事件、方法具体含义请参考随书光盘或网上电子资源），如表 2-20-2 所示。

表 2-20-2

属性、事件、方法模块	所属面板	作用说明
set Label3.Text to	My Blocks →Label3	设置标签 Label3 的内容
set Image1.Picture to	My Blocks →Image1	设置图片 Image1 的显示图片
set Web1.Url to	My Blocks →Web1	设置要访问的网页 URL
when Button1.Click do	My Blocks →Button1	单击"查询"按钮 Button1 时呼叫本事件
when Web1.GotText url name url responseCode name responseCode responseType name responseType responseContent name responseContent do	My Blocks →Web1	请求完成后呼叫本事件。将响应保存成字符串形式
call Web1.Get	My Blocks →Web1	利用 URL 属性执行一个 HTTP GET 请求并接收响应
call Web3.JsonTextDecode jsonText	My Blocks →Web3	对给定的 JSON 值进行解析，产生与 App Inventor 一致的值

- 指令清单（每个指令具体含义请参考随书光盘或网上电子资源），如表 2-20-3 所示。

表 2-20-3

指令模块	所属面板	作用说明
def variable as	Built-In→Definition	定义变量。variable 是变量名，可以通过单击名字进行修改。as 后面可拼接的内容包括字符串、数字、清单、逻辑值等
global variable	My Blocks→My Definitions	取得全局变量 variable 的值。注意，variable 的名字若在定义变量时已经修改过，那么这里会同步更新
set global variable to	My Blocks→My Definitions	设置全局变量 variable 的值。注意，variable 的名字若在定义变量时有修改过，那么这里会同步更新
name name	视用途而定	有 3 种用途。 A. 作为定义方法时的参数存在。此时，需要在 Built-In→Definition 中选择此模块，参数个数没有限制，name 是参数名。 B. 作为内置方法的参数存在。此时，调用内置方法时，若此方法有参数，则会自动带有默认名称的参数。 C. 作为指令使用时的变量存在。比如，在使用 foreach 指令时，可以使用 var 来保存每次访问到的数据。此时，指令会自动带有默认名称的变量。 不管哪种情况，都可以通过单击来修改名字
value name	My Blocks→My Definitions	取得自定或内置方法参数的值，或取得指令运行时变量的值。注意，若在定义参数时已经修改过名字，那么这里会同步更新
text text	Built-In→Text	字符串常量，默认值为 text。可以通过单击值来修改
call make text text	Built-In→Text	将所有指定的字符串或数值连接成一个新的字符串
call split at first text at	Built-In→Text	参数 at 后拼接的是一个位置字符串，表示将字符串 text 从指定分割点起第一次出现的地方分成两个子字符串，并返回一个包含这两个子字符串的列表，一个是从原字符串起第一个字母到分割点前一个字母形成的子字符串，另一个是从分割点后一个字母到原字符串结尾形成的子字符串。例如 "china，england，germany"，使用逗号进行分割，则返回列表值为(china england，germany)，包含两个子字符串，分别是 "china" 和 "england，germany"

续表

指令模块	所属面板	作用说明
call split text at	Built-In→Text	参数 at 后拼接的是一个位置字符串，表示将字符串 text 根据指定分割点分成若干个子字符串，并返回一个包含这些子字符串的列表。例如 "china,england,germany"，使用逗号进行分割，则返回列表值为(china england germany)，包含的子字符串分别是"china"、"england"和"germany"
call select list item list index	Built-In→Lists	取得清单 list 指定位置 index 的元素内容，清单中第一个元素的位置为 1
call lookup in pairs key pairs notFound	Built-In→Lists	在键值对 pairs 中找到与键 key 匹配的值，找到则返回值的内容，否则返回 notFound 对应的内容
number 123	Built-In→Math	数字常量，默认值为 123。可以通过单击值来修改

- 功能实现。

① 定义全局变量，如表 2-20-4 所示。

表 2-20-4

功能	定义全局变量	
定义变量	代码模块	作用说明
	def var as text	保存获得的网页数据
	def sheng as text	保存与用户需要查询的省份对应的拼音，如广东，拼音为 guangdong
	def shi as text	保存与用户需要查询的城市对应的编码，如中山，编码为 101281701

② 单击"查询"按钮，访问第一个网页 http://flash.weather.com.cn/wmaps/xml/china.xml，以获得省份对应的拼音，如表 2-20-5 所示。

表 2-20-5

功能	单击"查询"按钮，访问网页获取省份天气情况	
	代码模块	作用说明
事件	when Button1.Click do	单击"查询"按钮 Button1 时呼叫本事件

续表

功能	单击"查询"按钮,访问网页获取省份天气情况	
	代码模块	作用说明
事件动作中的代码模块	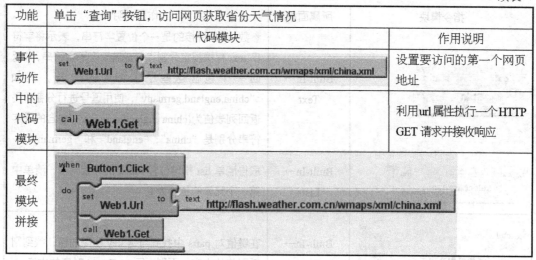	设置要访问的第一个网页地址
		利用url属性执行一个HTTP GET请求并接收响应
最终模块拼接		

③ 当访问第一个网页时,获得对应省份的拼音,即 pyName 值,并以此值作为第二个网页地址的信息,然后访问第二个网页 http://flash.weather.com.cn/wmaps/xml/ 省份.xml,如表 2-20-6 所示。

表 2-20-6

功能	访问第一个网页,获取省份拼音,作为第二个网页地址的信息,访问第二个网页	
	代码模块	作用说明
事件	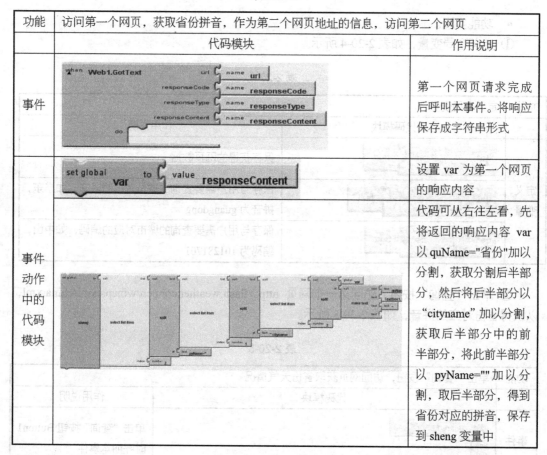	第一个网页请求完成后呼叫本事件。将响应保存成字符串形式
事件动作中的代码模块		设置 var 为第一个网页的响应内容
		代码可从右往左看,先将返回的响应内容 var 以 quName="省份"加以分割,获取分割后半部分,然后将后半部分以 "cityname"加以分割,获取后半部分中的前半部分,将此前半部分以 pyName=""加以分割,取后半部分,得到省份对应的拼音,保存到 sheng 变量中

续表

功能	访问第一个网页，获取省份拼音，作为第二个网页地址的信息，访问第二个网页	
	代码模块	作用说明
事件动作中的代码模块	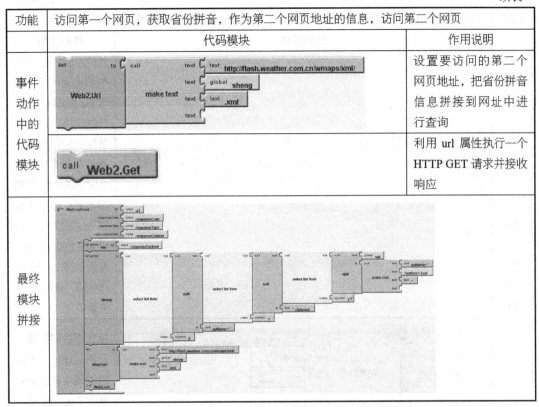	设置要访问的第二个网页地址，把省份拼音信息拼接到网址中进行查询
		利用 url 属性执行一个 HTTP GET 请求并接收响应
最终模块拼接		

④ 当访问第二个网页时，获得对应城市的编码，即 url 的值，并以此值作为第 3 个网页地址的信息，然后访问第 3 个网页，http://m.weather.com.cn/data/编码.html，如表 2-20-7 所示。

表 2-20-7

功能	访问第二个网页，获取城市编码，作为第 3 个网页地址的信息，访问第 3 个网页	
	代码模块	作用说明
事件		第二个网页请求完成后呼叫本事件。将响应保存成字符串形式
事件动作中的代码模块		设置 var 为第二个网页的响应内容

续表

功能	访问第二个网页，获取城市编码，作为第 3 个网页地址的信息，访问第 3 个网页	
	代码模块	作用说明
事件动作中的代码模块	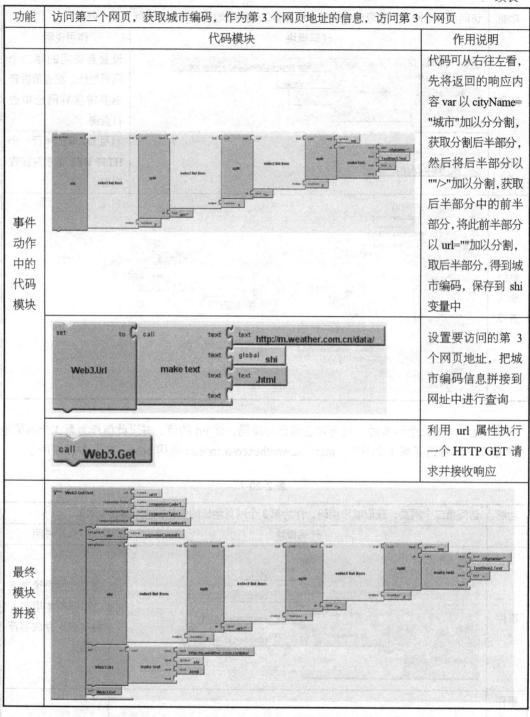	代码可从右往左看，先将返回的响应内容 var 以 cityName="城市"加以分分割，获取分割后半部分，然后将后半部分以 ""/>加以分割，获取后半部分中的前半部分，将此前半部分以 url=""加以分割，取后半部分，得到城市编码，保存到 shi 变量中
		设置要访问的第 3 个网页地址，把城市编码信息拼接到网址中进行查询
		利用 url 属性执行一个 HTTP GET 请求并接收响应
最终模块拼接		

⑤ 当访问第 3 个网页时，返回的数据是 Json 格式的，因此需要使用 JsonTextDecode 进行解释，返回的是一组如((city 中山) (city_en zhongshan)…)格式的信息，此处，city 是键，中山是值。可以通过清单的 lookup in pairs 方法来获得对应键的值。需要注意的是，图片存放的路径为 http://m.weather.com.cn/img/b 图片名，如表 2-20-8 所示。

表 2-20-8

功能	访问第3个网页，获取并显示具体天气信息	
	代码模块	作用说明
事件	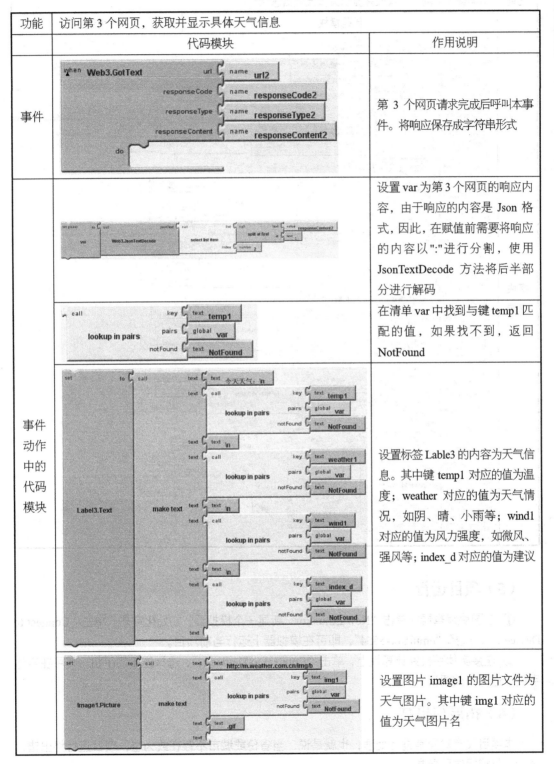	第3个网页请求完成后呼叫本事件。将响应保存成字符串形式
事件动作中的代码模块		设置var为第3个网页的响应内容，由于响应的内容是Json格式，因此，在赋值前需要将响应的内容以":"进行分割，使用JsonTextDecode方法将后半部分进行解码
		在清单var中找到与键temp1匹配的值，如果找不到，返回NotFound
		设置标签Lable3的内容为天气信息。其中键temp1对应的值为温度；weather对应的值为天气情况，如阴、晴、小雨等；wind1对应的值为风力强度，如微风、强风等；index_d对应的值为建议
		设置图片image1的图片文件为天气图片。其中键img1对应的值为天气图片名

续表

功能	访问第3个网页，获取并显示具体天气信息	
	代码模块	作用说明
最终模块拼接	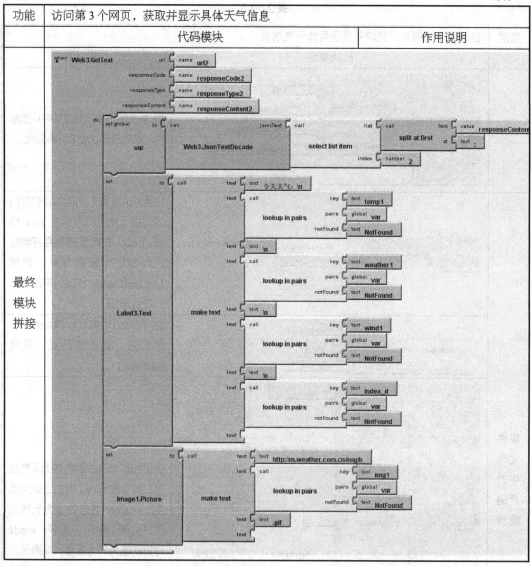	

（5）项目运行

① 在图块编辑器中单击"New Emulator"新建一个模拟器，初始化完毕，单击"Connect to Device…"，选择"emulator-5554"，即可在模拟器上运行当前项目。

② 连接实体手机到计算机上，单击"Connect to Device…"，选择连接的手机，即可在实体手机上运行当前项目。

（6）拓展与提高

本项目没有对异常进行处理，也就是说，当省份或城市不存在或为空，项目运行将出错，思考如何捕捉这种异常。

PART 3 强化实训篇

1. 数字竞猜

（1）项目需求

数字竞猜是一种在一定范围内猜数的游戏。

本项目要求开发一个数字竞猜程序，提示用户猜数区间，让用户输入要猜的数，统计猜过的步数，若猜的数不等于随机数，则更改猜数区间，用户继续竞猜，直到猜对为止。

运行效果如图 3-1-1 所示。流程图结构如图 3-1-2 所示。

图 3-1-1

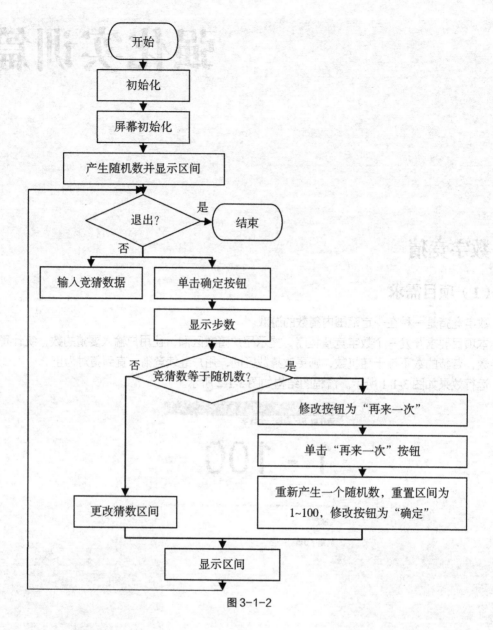

图 3-1-2

（2）项目素材

- 本项目无需其他素材。

（3）项目界面设计

新建项目 Guess。项目设计界面如图 3-1-3 所示。元件结构如图 3-1-4 所示。

图 3-1-3

图 3-1-4

打开设计器，根据图 3-1-3、图 3-1-4 所示进行项目界面设计。项目所需界面元件及属性设置如表 3-1-1 所示。

表 3-1-1

元件	所属面板	重命名	属性名	属性值
Label	Basic	Label1	FontSize	16
			Text	请在以下区间猜一个数字
Label	Basic	Label2	BackgroundColor	Yellow
			FontSize	80
			Text	1~100
			Width	Fill parent
			Height	100
TextBox	Basic	TextBox1	FontSize	16
			Hint	请输入你猜的数
			Width	Fill parent
Button	Basic	Button1	FontSize	16
			Text	确定
Label	Basic	Label3	FontSize	16
			Text	空
Notifier	Other stuff	Notifier1		

(4)项目功能实现

打开图块编辑器,进行项目功能实现。

- 属性、事件、方法清单(每个元件属性、事件、方法具体含义请参考随书光盘或网上电子资源),如表 3-1-2 所示。

表 3-1-2

属性、事件、方法模块	所属面板	作用说明
set Label2.Text to	My Blocks→Label2	设置标签 Label 2 的内容
set TextBox1.Text to	My Blocks→TextBox1	设置文本框 TextBox1 的内容
set Button1.Text to	My Blocks→Button1	设置按钮 Button1 的内容
when Button1.Click do	My Blocks→Button1	单击按钮 Button1 时呼叫本事件
when Screen1.Initialize do	My Blocks→Screen1	应用程序一启动运行就同步呼叫本事件,本事件可用来初始化某些数据以及执行一些前置性操作

- 指令清单(每个指令具体含义请参考随书光盘或网上电子资源),如表 3-1-3 所示。

表 3-1-3

指令模块	所属面板	作用说明
def variable as	Built-In→Definition	定义变量。variable 是变量名,可以通过单击名字进行修改。as 后面可拼接的内容包括字符串、数字、清单、逻辑值等
global variable	My Blocks→My Definitions	取得全局变量 variable 的值。注意,variable 的名字若在定义变量时有修改过,那么这里会同步更新
set global variable to	My Blocks→My Definitions	设置全局变量 variable 的值。注意,variable 的名字若在定义变量时有修改过,那么这里会同步更新
text text	Built-In→Text	字符串常量,默认值为 text。可以通过单击值来修改

续表

指令模块	所属面板	作用说明
call make text	Built-In→Text	将所有指定的字符串或数值连接成一个新的字符串
is text empty? text	Built-In→Text	返回指定字符串 text 是否为空，若为空返回 true；否则返回 false
number 123	Built-In→Math	数字常量，默认值为 123。可以通过单击值来修改
>	Built-In→Math	比较两个指定数字。如果前者大于后者返回 true，否则返回 false
<	Built-In→Math	比较两个指定数字。如果前者小于后者返回 true，否则返回 false
=	Built-In→Math	比较两个指定数字。如果相等返回 true，否则返回 false
+	Built-In→Math	对两个操作数进行求和。可以单击 + 号选择其他可操作的运算符
true	Built-In→Logic	布尔类型常数的真。用来设置元件的布尔属性值，或用来表示某种状况的变量值
false	Built-In→Logic	布尔类型常数的假。用来设置元件的布尔属性值，或用来表示某种状况的变量值
not	Built-In→Logic	逻辑运算的非。not true 的结果是 false，not false 的结果是 true
or test	Built-In→Logic	测试所有条件中是否至少有一个条件为真
if test then-do	Built-In→Control	条件语句，测试指定条件 test，若为 true 则执行 then-do 中的指令；反之则跳过此代码块
ifelse test then-do else-do	Built-In→Control	条件语句，测试指定条件 test，若为 true 则执行 then-do 中的指令，反之则执行 else-do 中的指令

- 功能实现。

① 全局变量的定义，如表 3-1-4 所示。

表 3-1-4

功能	定义全局变量	
	代码模块	作用说明
定义变量	def m as number 1	保存猜数区间的左区间
	def n as number 100	保存猜数区间的右区间
	def random as number 100	保存系统产生的随机数
	def guess as number 0	保存用户猜的数
	def again as false	是否重新开始新游戏的标识，我们约定，false 表示游戏中，对应的按钮文本为"确定"，true 表示游戏结束，是否再来一次，对应的按钮文本为"再来一次"
	def count as number 0	保存猜数步数

② 初始化时，在 1~100 之间产生一个随机数，将猜数区间显示出来，同时显示当前猜数步数，如表 3-1-5 所示。

表 3-1-5

功能	程序初始化，产生随机数，显示区间进行竞猜	
	代码模块	作用说明
事件	when Screen1.Initialize do	程序初始化时呼叫本事件
事件动作中的代码模块	set global random to call random integer from number 1 to number 100	产生 1~100 的随机数，赋值给变量 random
	set Label2.Text to call make text text global m text - text global n	设置 Label2 的内容为猜数区间
	set Label3.Text to call make text text 共用了 text global count text 步 text	设置 Label3 的内容为目前竞猜过的步数

续表

功能	程序初始化，产生随机数，显示区间进行竞猜	
	代码模块	作用说明
最终模块拼接	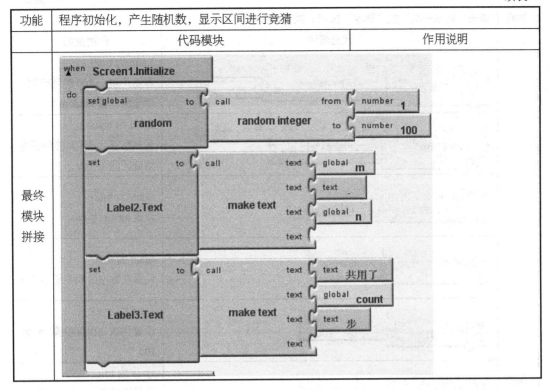	

③ 单击"再来一次"或"确定"按钮，如果 again 等于 true，表示按钮显示再来一次；单击"再来一次"按钮，需要重新产生一个随机数，重置区间为 1~100，修改按钮为"确定"，清空猜数步数，again 设置为 false。如果 again 等于 false，表示按钮显示确定，单击"确定"按钮，若输入的数字不合法，提示错误；否则，判断竞猜的数字 guess 与随机数 random 是否相等，不相等，则根据 guess 与 random 的大小关系重置区间范围，即如果猜的数小于随机数，则将左区间设为猜的数；如果猜的数大于随机数，则将右区间设为猜的数；如果两者相等，则显示随机数，同时将按钮文本改为"再来一次"，again 改为 true。只要竞猜过一次，则将步数加 1，最后将输入框清空，将统计步数显示出来，如表 3-1-6 所示。

表 3-1-6

功能	单击"再来一次"或"确定"按钮，执行相应动作	
	代码模块	作用说明
事件	when Button1.Click do	单击"再来一次"或"确定"按钮 Button1 时呼叫本事件
事件动作中的代码模块	ifelse test global again then-do else-do	判断 again 的值，若为 true，表示按钮显示再来一次，则执行 then-do 后的代码；否则，表示按钮显示确定，则执行 else-do 后的代码

续表

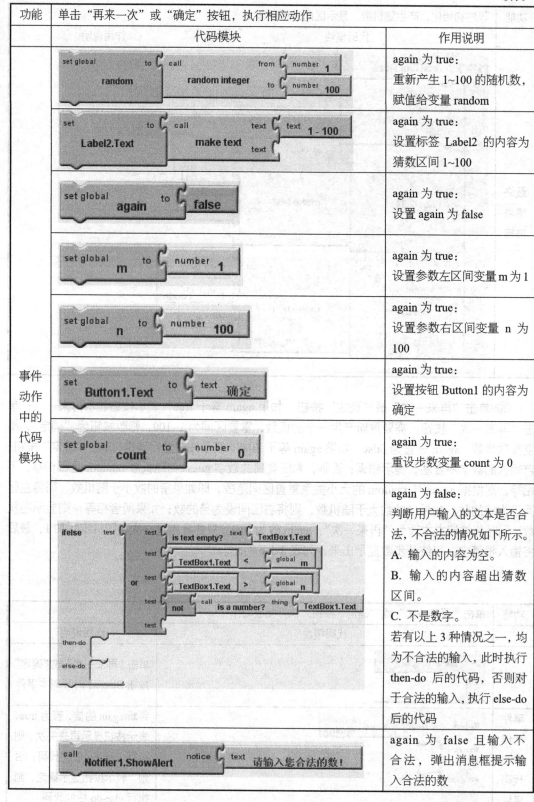

续表

功能	单击"再来一次"或"确定"按钮，执行相应动作	
	代码模块	作用说明
事件动作中的代码模块	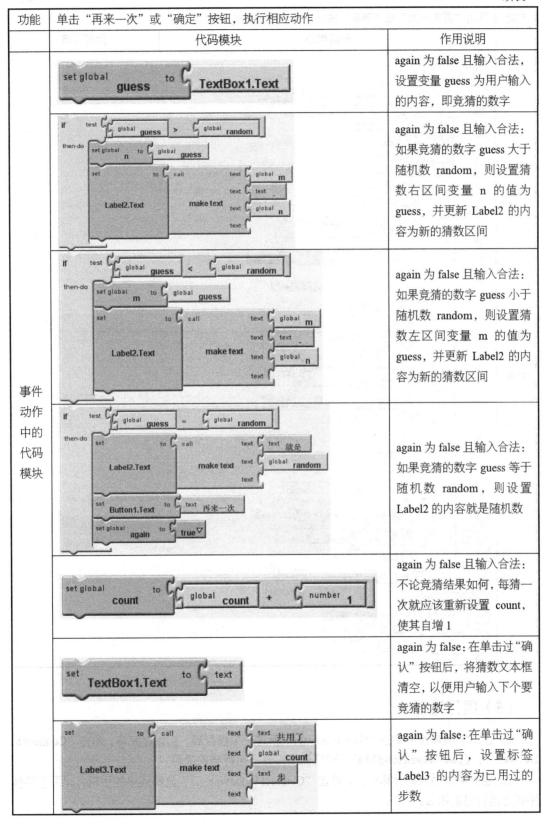	again 为 false 且输入合法，设置变量 guess 为用户输入的内容，即竞猜的数字
		again 为 false 且输入合法：如果竞猜的数字 guess 大于随机数 random，则设置猜数右区间变量 n 的值为 guess，并更新 Label2 的内容为新的猜数区间
		again 为 false 且输入合法：如果竞猜的数字 guess 小于随机数 random，则设置猜数左区间变量 m 的值为 guess，并更新 Label2 的内容为新的猜数区间
		again 为 false 且输入合法：如果竞猜的数字 guess 等于随机数 random，则设置 Label2 的内容就是随机数
		again 为 false 且输入合法：不论竞猜结果如何，每猜一次就应该重新设置 count，使其自增 1
		again 为 false：在单击过"确认"按钮后，将猜数文本框清空，以便用户输入下个要竞猜的数字
		again 为 false：在单击过"确认"按钮后，设置标签 Label3 的内容为已用过的步数

续表

功能	单击"再来一次"或"确定"按钮，执行相应动作	
	代码模块	作用说明
最终模块拼接	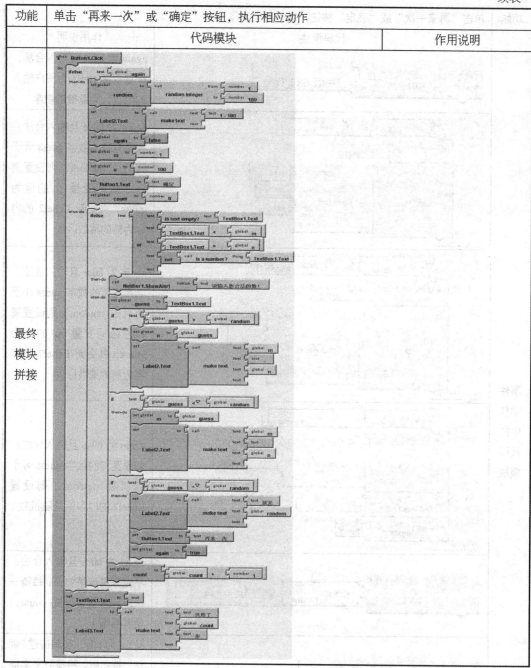	

（5）项目运行

① 在图块编辑器中单击"New Emulator"新建一个模拟器，初始化完毕，单击"Connect to Device…"，选择"emulator-5554"，即可在模拟器上运行当前项目。

② 连接实体手机到计算机上，单击"Connect to Device…"，选择连接的手机，即可在实体手机上运行当前项目。

（6）拓展与提高

① 思考实现排行榜（竞猜步数最少的），显示历史前 5 位排名。
② 思考实现在规定步数内若还猜不出随机数，则提示竞猜失败。

2. 扑克牌

（1）项目需求

扑克有两种意思，一是指扑克牌，也叫纸牌；另一个是指用纸牌来玩的游戏，称为扑克游戏。

本项目要求开发一款扑克牌程序，用户单击 3 张扑克牌其中的一张，如果刚好是黑桃 A，则加 10 分，然后重新洗牌，用户继续选择；如果选中的不是黑桃 A，则本轮游戏结束，对比所得分数和最佳成绩，若高于最佳成绩，则将本轮分数设置为最高分，并提示游戏结束，重新洗牌，以便用户进行下轮选择。

运行效果如图 3-2-1 所示。流程图结构如图 3-2-2 所示。

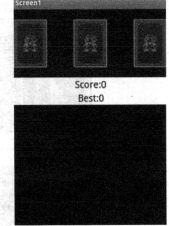

图 3-2-1

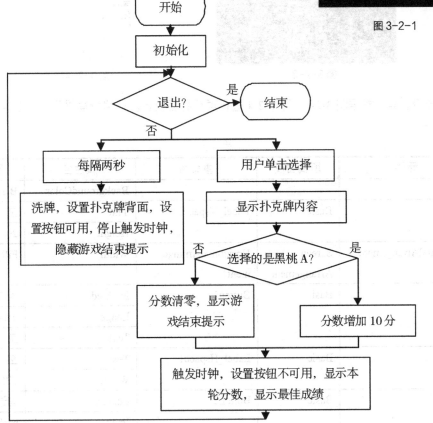

图 3-2-2

（2）项目素材

- 素材路径：光盘/强化实训素材/2。
- 素材资源：back.png（扑克牌背面图片）、f1.png（黑桃 A 图片）、f2.png（黑桃 2 图片）、f3.png（黑桃 3 图片）。

（3）项目界面设计

新建项目 Card。项目设计界面如图 3-2-3 所示。元件结构如图 3-2-4 所示。

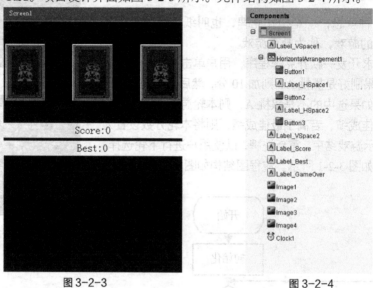

图 3-2-3　　　　　　　　　　　　图 3-2-4

打开设计器，根据图 3-2-3、图 3-2-4 进行项目界面设计。项目所需界面元件及属性设置如表 3-2-1 所示。

表 3-2-1

元件	所属面板	重命名	属性名	属性值
Screen1			BackgroundColor	Black
Label	Basic	Label_Vspace1	Text	空
			Height	20
HorizontalArrangement	Screen Arrangement	HorizontalArrangement1	Width	Fill parent
Button	Basic	Button1	Enabled	勾选
			Image	back.png
			Text	空
Label	Basic	Label_Hspace1	Text	空
			Width	Fill parent
Button	Basic	Button2	Enabled	勾选
			Image	back.png
			Text	空

续表

元件	所属面板	重命名	属性名	属性值
Label	Basic	Label_Hspace2	Text	空
			Width	Fill parent
Button	Basic	Button3	Enabled	勾选
			Image	back.png
			Text	空
Label	Basic	Label_Vspace2	Text	空
			Height	20
Label	Basic	Label_Score	BackgroundColor	White
			FontSize	20
			Text	Score:0
			TextAlignment	center
			Width	Fill parent
Label	Basic	Label_Best	BackgroundColor	White
			FontSize	20
			Text	Best:0
			TextAlignment	center
			Width	Fill parent
Label	Basic	Label_GameOver	FontBold	勾选
			FontSize	40
			Text	Game Over!
			TextAlignment	center
			TextColor	Green
			Visible	hidden
			Width	Fill parent
Image	Basic	Image1	Picture	f1.png
			Visible	hidden
Image	Basic	Image2	Picture	f2.png
			Visible	hidden
Image	Basic	Image3	Picture	f3.png
			Visible	hidden
Image	Basic	Image4	Picture	back.png
			Visible	hidden
Clock	Basic	Clock1	TimerInterval	2000

（4）项目功能实现

打开图块编辑器，进行项目功能实现。

- 属性、事件清单（每个元件属性、事件具体含义请参考随书光盘或网上电子资源），如表 3-2-2 所示。

表 3-2-2

属性、事件模块	所属面板	作用说明
set Label_Score.Text to	My Blocks→Label_Score	设置标签 Label_Score 的内容
set Label_GameOver.Visible to	My Blocks→Label_GameOver	设置标签 Label_GameOver 可见性。true 表示可见，false 表示不可见
set Button1.Enabled to	My Blocks→Button1	设置按钮 Button1 可用性。true 表示按钮可被点击，false 表示按钮不可被点击
set Button1.Image to	My Blocks→Button1	设置按钮 Button1 的背景图片
set Clock1.TimerEnabled to	My Blocks→Clock1	设置时钟 Clock1 可用性。true 表示可用，false 表示不可用
when Button1.Click do	My Blocks→Button1	单击按钮 Button1 时呼叫本事件
when Clock1.Timer do	My Blocks→Clock1	计时器 Clock1 每隔一段时间就会被触发一次，每次触发时呼叫本事件

- 指令清单（每个指令具体含义请参考随书光盘或网上电子资源），如表 3-2-3 所示。

表 3-2-3

指令模块	所属面板	作用说明
def variable as	Built-In→Definition	定义变量。variable 是变量名，可以通过单击名字进行修改。as 后面可拼接的内容包括字符串、数字、清单、逻辑值等
global variable	My Blocks→My Definitions	取得全局变量 variable 的值。注意，variable 的名字若在定义变量时有修改过，那么这里会同步更新
set global variable to	My Blocks→My Definitions	设置全局变量 variable 的值。注意，variable 的名字若在定义变量时有修改过，那么这里会同步更新
to procedure arg do	Built-In→Definition	方法的定义。procedure 是方法名，可以通过单击名字进行修改。作用是将多个指令集合在一起，以后调用该方法时，被集合在其中的指令会按顺序依次执行

指令模块	所属面板	作用说明
call procedure	My Blocks→My Definitions	方法的调用。注意，procedure 的名字若在定义方法时有修改过，那么这里会同步更新
name name	视用途而定	有3种用途。 A. 作为定义方法时的参数存在。此时，需要在 Built-In→Definition 中选择此模块，参数个数没有限制，name 是参数名。 B. 作为内置方法的参数存在。此时，调用内置方法时，若此方法有参数，则会自动带有默认名称的参数。 C. 作为指令使用时的变量存在。比如，在使用 foreach 指令时，可以使用 var 来保存每次访问到的数据。此时，指令会自动带有默认名称的变量。不管哪种情况，都可以通过单击来修改名字
value name	My Blocks→My Definitions	取得自定或内置方法参数的值，或取得指令运行时变量的值。注意，若在定义参数时有修改过名字，那么这里会同步更新
text text	Built-In→Text	字符串常量，默认值为 text。可以通过单击值来修改
join	Built-In→Text	将两个指定字符串连接成一个新的字符串
call make a list item	Built-In→Lists	新建一个清单，并自行指定清单元素。若未指定任何元素，则此为一个空清单
call add items to list list item	Built-In→Lists	将指定内容 item 添加到清单 list 后面
call is in list? thing list	Built-In→Lists	若指定内容 thing 存在于清单 list 中返回 true，否则返回 false
number 123	Built-In→Math	数字常量，默认值为 123。可以通过单击值来修改
>	Built-In→Math	比较两个指定数字。如果前者大于后者返回 true，否则返回 false
=	Built-In→Math	比较两个指定数字。如果相等返回 true，否则返回 false
+	Built-In→Math	对两个操作数进行求和。可以单击 + 号选择其他可操作的运算符

续表

指令模块	所属面板	作用说明
call random integer from to	Built-In→Math	返回一个介于数字 from 到数字 to 之间的随机整数，包含下限（from）和上限（to）。参数由小到大或由大到小不会影响计算结果
true	Built-In→Logic	布尔类型常数的真。用来设置元件的布尔属性值，或用来表示某种状况的变量值
false	Built-In→Logic	布尔类型常数的假。用来设置元件的布尔属性值，或用来表示某种状况的变量值
if test then-do	Built-In→Control	条件语句，测试指定条件 test，若为 true 则执行 then-do 中的指令，反之则跳过此代码块
ifelse test then-do else-do	Built-In→Control	条件语句，测试指定条件 test，若为 true 则执行 then-do 中的指令，反之则执行 else-do 中的指令
foreach variable do in list	Built-In→Control	逐个访问指定清单（in list）的元素 variable，do 执行的次数取决于清单的长度
for range variable start end step do	Built-In→Control	循环变量为 variable，do 执行的次数取决于 start、end 和 step，即指定范围的整数个数决定 do 的执行次数。start 为范围的下边界，end 为范围的上边界，step 为每次循环累加的步数。执行过程如下。 （1）让循环变量 variable 设置为 start。 （2）判断 variable 是否小于 end，执行（3）或（4）其中的一个。 （3）true 的话则执行 do 中的指令，接着对循环变量 variable 累加 step，再执行（2）。 （4）false 的话，循环结束

- 功能实现。
① 全局变量的定义，如表 3-2-4 所示。

表 3-2-4

功能	定义全局变量	
	代码模块	作用说明
定义变量	def wash as call make a list item	将产生的 3 个随机数保存成一个清单
	def ran as number 0	保存每次产生的随机数
	def x as number 0	保存 wash 清单中的第一项，即第一个随机数
	def y as number 0	保存 wash 列表中的第二项，即第二个随机数
	def z as number 0	保存 wash 列表中的第三项，即第三个随机数
	def Score as number 0	保存每轮的总分
	def Best as number 0	保存过去最佳成绩

② 每隔两秒，设置扑克牌显示为背面，重新洗牌，即重新产生新的随机数序列，这个序列只能由 1、2、3 这 3 个数组成，不得重复，并将产生序列中的每一项分别赋值给 x、y、z，停止触发时钟，设置按钮可用（扑克牌可被单击），隐藏游戏结束提示，如表 3-2-5 所示。

表 3-2-5

功能	每隔两秒，重新洗牌	
	代码模块	作用说明
事件	when Clock1.Timer do	计时器 Clock1 每隔两秒就会被触发一次，每次触发时呼叫本事件
事件动作中的代码模块	set Button1.Image to Image4.Picture set Button2.Image to Image4.Picture set Button3.Image to Image4.Picture	设置 3 个扑克牌按钮的图片为背面
	set global wash to call make a list item	创建一个空的随机数清单

续表

功能	每隔两秒，重新洗牌	
	代码模块	作用说明
事件动作中的代码模块	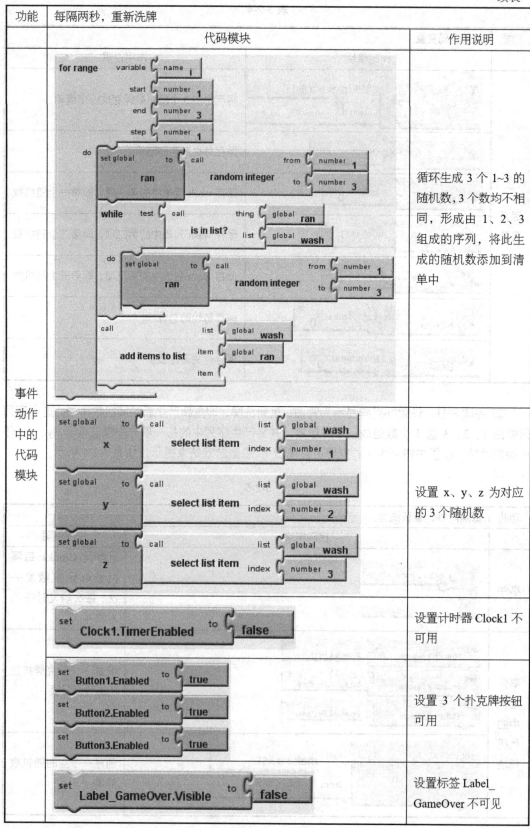	循环生成 3 个 1~3 的随机数，3 个数均不相同，形成由 1、2、3 组成的序列，将此生成的随机数添加到清单中
		设置 x、y、z 为对应的 3 个随机数
		设置计时器 Clock1 不可用
		设置 3 个扑克牌按钮可用
		设置标签 Label_GameOver 不可见

续表

功能	每隔两秒，重新洗牌	
	代码模块	作用说明
最终模块拼接	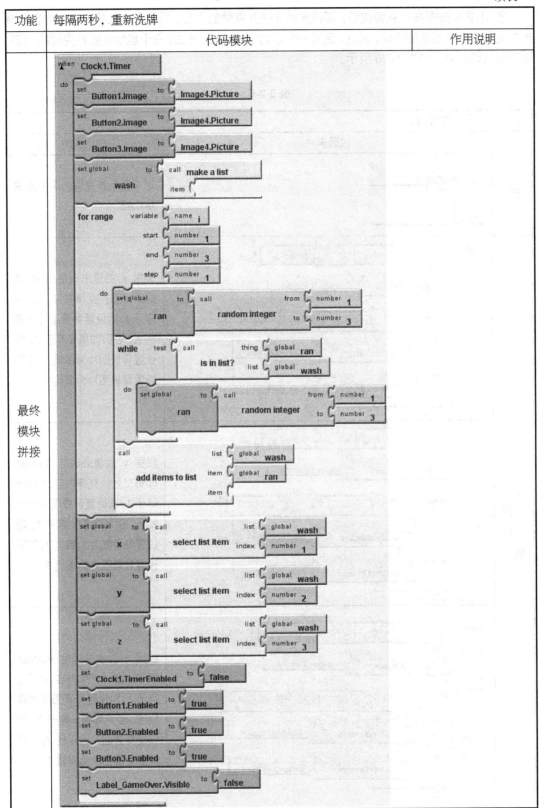	

③ 不管单击哪张扑克牌按钮，都将显示 3 张扑克牌的内容，即显示 3 张扑克牌的内容是单击扑克牌时都会出现的代码，因此，定义一个名为 setCard 的方法，用于显示 3 张扑克牌的内容，以节省代码空间，如表 3-2-6 所示。

表 3-2-6

功能	显示扑克牌内容	
	代码模块	作用说明
方法	setCard 方法块	定义显示扑克牌内容的方法 setCard
方法中的代码模块	ifelse 代码块（根据 global x 的值设置 Button1.Image）	根据 x 的值来确定 Button1 即第一张扑克牌内容，如果 x 等于 1，则设置背景图片为黑桃 A，否则如果 x 等于 2，则设置背景图片为黑桃 2，否则设置背景图片为黑桃 3
	ifelse 代码块（根据 global y 的值设置 Button2.Image）	根据 y 的值来确定 Button2 即第二张扑克牌内容，如果 y 等于 1，则设置背景图片为黑桃 A，否则如果 y 等于 2，则设置背景图片为黑桃 2，否则设置背景图片为黑桃 3
	ifelse 代码块（根据 global z 的值设置 Button3.Image）	根据 z 的值来确定 Button3 即第三张扑克牌内容，如果 z 等于 1，则设置背景图片为黑桃 A，否则如果 z 等于 2，则设置背景图片为黑桃 2，否则设置背景图片为黑桃 3

续表

功能	显示扑克牌内容	
	代码模块	作用说明
最终模块拼接	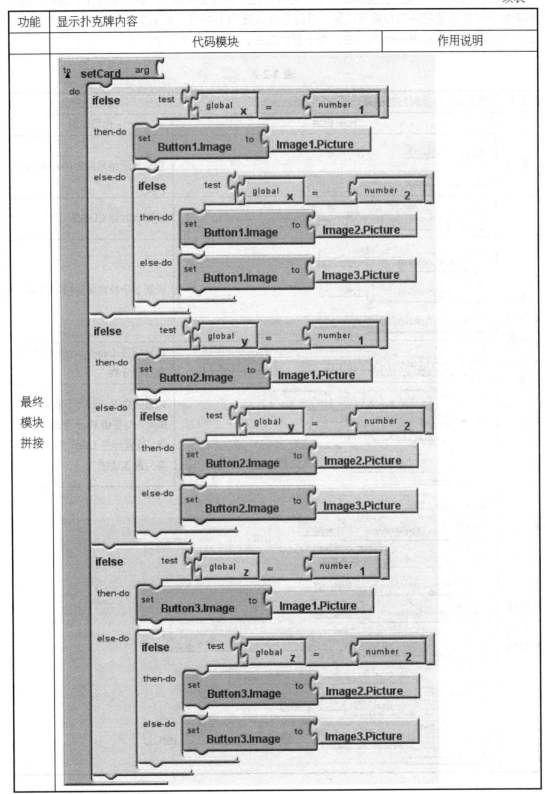	

④ 同理，单击了某张扑克牌后，不管是游戏进行还是游戏结束，最后都得显示结果，包括重新触发时钟以便每隔两秒重新设置，同时按钮设置为不可用，显示本轮分数和最佳成绩，因此，定义一个名为 setResult 的方法，用于显示结果，如表 3-2-7 所示。

表 3-2-7

功能	显示单击扑克牌后的结果	
	代码模块	作用说明
事件	to setResult arg do	定义显示结果的方法 setResult
事件动作中的代码模块	set Clock1.TimerEnabled to true	设置计时器 Clock1 可用
	set Button1.Enabled to false set Button2.Enabled to false set Button3.Enabled to false	设置 3 个扑克牌按钮不可用
	set Label_Score.Text to text Socre: join global Score	设置标签 Label_Score 的内容为当局分数
	if test global Score > global Best then-do set global Best to global Score set Label_Best.Text to text Best:▽ join global Best	如果分数 Score 大于最佳分数 Best，则更新 Best 为 Score 的值，设置标签 Label_Best 的内容为最佳成绩
最终模块拼接	to setResult arg do set Clock1.TimerEnabled to true set Button1.Enabled to false set Button2.Enabled to false set Button3.Enabled to false set Label_Score.Text to text Socre:▽ join global Score if test global Score > global Best then-do set global Best to global Score set Label_Best.Text to text Best: join global Best	

⑤ 单击第一张扑克牌后，先调用 setCard 方法显示扑克牌内容，然后判断是否为黑桃 A，

是则分数增加 10 分，否则分数清零，并显示游戏结束。最后调用 setResult 方法显示结果，如表 3-2-8 所示。

注意：Button2、Button3 与 Button1 的处理类似，只需要把 x 改为 y、z 即可，因此直接给出 Button2、Button3 的代码模块。

表 3-2-8

功能	单击第一张扑克牌按钮，显示扑克牌内容，计算分数，显示结果	
	代码模块	作用说明
事件	when Button1.Click do	单击按钮 Butotn1 时呼叫本事件
事件动作中的代码模块	call setCard	调用方法 setCard 显示扑克牌内容
	ifelse test global x = number 1 then-do set global Score to global Score + number 10 else-do set Label_GameOver.Visible to true set global Score to number 0	判断是否选中了黑桃 A，即 x=1，是则分数 Score 自增 10 分，否则，显示游戏结束，分数清零
	call setResult	调用方法 setResult 显示结果
最终模块拼接	when Button1.Click do call setCard ifelse test global x = number 1 then-do set global Score to global Score + number 10 else-do set Label_GameOver.Visible to true set global Score to number 0 call setResult	

续表

功能	单击第一张扑克牌按钮，显示扑克牌内容，计算分数，显示结果	
	代码模块	作用说明
其余类似代码模块	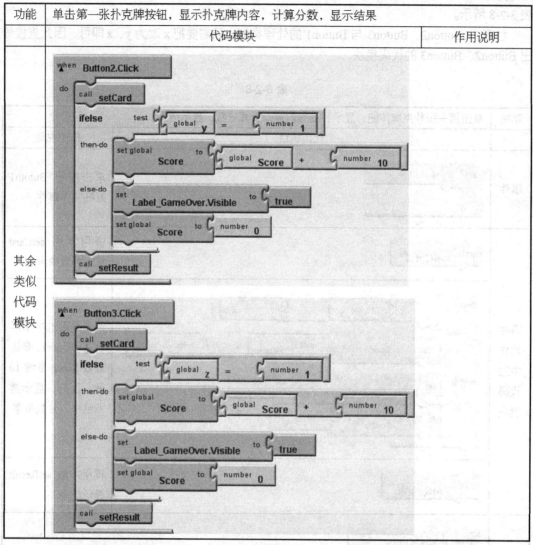	

（5）项目运行

① 在图块编辑器中单击"New Emulator"新建一个模拟器，初始化完毕，单击"Connect to Device…"，选择"emulator-5554"，即可在模拟器上运行当前项目。

② 连接实体手机到计算机上，单击"Connect to Device…"，选择连接的手机，即可在实体手机上运行当前项目。

（6）拓展与提高

思考添加按钮，单击后弹出"关于"对话框，显示扑克牌玩法。

3. 比比骰子

（1）项目需求

骰子，亦作色子，为一正多面体，通常作为桌上游戏的小道具，最常见的骰子是 6 面骰，它是一颗正立方体，上面分别有 1~6 个孔（或数字），其相对两面之数字和必为 7。中国的骰子习惯在 1 点和 4 点漆上红色。骰子是容易制作和取得的随机数产生器。

本项目要求开发一个比比骰子程序，用户单击掷骰按钮，随机产生双方各 3 颗骰子的点数，若 6 颗骰子的点数均相同（围骰），或对家 3 颗骰子均相同（不管玩家 3 颗骰子是否相同），或对家 3 颗骰子点数之和大于玩家 3 颗骰子点数之和，则判对家赢玩家输，否则如果对家 3 颗骰子点数不同，玩家 3 颗骰子均相同，或玩家 3 颗骰子点数之和大于对家 3 颗骰子点数之和，则玩家赢对家输。

运行效果如图 3-3-1 所示，流程图结构如图 3-3-2 所示。

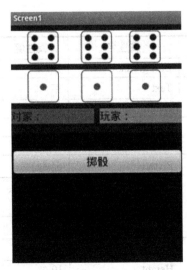

图 3-3-1

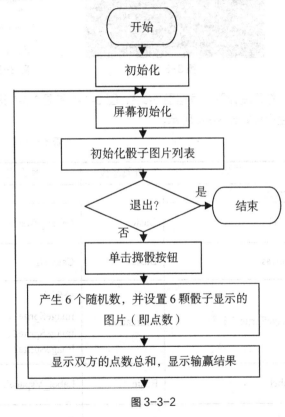

图 3-3-2

（2）项目素材

- 素材路径：光盘/强化实训素材/3。
- 素材资源：1.png（点数 1）、2.png（点数 2）、3.png（点数 3）、4（点数 4）、5（点数 5）、6（点数 6）。

（3）项目界面设计

新建项目 Dice。项目设计界面如图 3-3-3 所示，元件结构如图 3-3-4、图 3-3-5 所示。

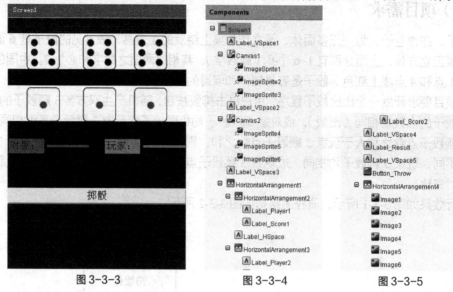

图 3-3-3　　　　　　图 3-3-4　　　　　　图 3-3-5

打开设计器，根据图 3-3-3、图 3-3-4 和图 3-3-5 进行项目界面设计。项目所需界面元件及属性设置如表 3-3-1 所示。

表 3-3-1

元件	所属面板	重命名	属性名	属性值
Screen1			BackgroundColor	Black
Label	Basic	Label_Vspace1	Text	空
			Height	10
Canvas	Basic	Canvas1	Width	Fill parent
			Height	60
ImageSprite（3个）	Animation	分别为 ImageSprite1、ImageSprite2、ImageSprite3	Picture	6.png
			X	分别为 30、130、220
			Y	0
Label	Basic	Label_Vspace2	Text	空
			Height	10
Canvas	Basic	Canvas2	Width	Fill parent
			Height	60
ImageSprite（3个）	Animation	分别为 ImageSprite4、ImageSprite5、ImageSprite6	Picture	1.png
			X	分别为 30、130、220
			Y	0
Label	Basic	Label_Vspace3	Text	空
			Height	10

续表

元件	所属面板	重命名	属性名	属性值
HorizontalArrangement	Screen Arrangement	HorizontalArrangement1	Width	Fill parent
HorizontalArrangement	Screen Arrangement	HorizontalArrangement2	Width	Fill parent
Label	Basic	Label_Player1	BackgroundColor	Megenta
			FontSize	20
			Text	对家
Label	Basic	Label_Score1	BackgroundColor	Megenta
			FontSize	20
			Text	空
			Width	Fill parent
Label	Basic	Label_Hspace	Text	空
			Height	10
HorizontalArrangement	Screen Arrangement	HorizontalArrangement3	Width	Fill parent
Label	Basic	Label_Player2	BackgroundColor	Green
			FontSize	20
			Text	玩家
Label	Basic	Label_Score2	BackgroundColor	Green
			FontSize	20
			Text	空
			Width	Fill parent
Label	Basic	Label_Vspace4	Text	空
			Height	10
Label	Basic	Label_Result	FontSize	20
			Text	空
			TextColor	Yellow
			Width	Fill parent
Label	Basic	Label_Vspace5	Text	空
			Height	10
Button	Basic	Button_Throw	FontSize	20
			Text	掷骰
			Width	Fill parent
HorizontalArrangement	Screen Arrangement	HorizontalArrangement4	Visible	hidden
Image	Basic	Image1	Picture	1.png
Image	Basic	Image2	Picture	2.png
Image	Basic	Image3	Picture	3.png
Image	Basic	Image4	Picture	4.png
Image	Basic	Image5	Picture	5.png
Image	Basic	Image6	Picture	6.png

（4）项目功能实现

打开图块编辑器，进行项目功能实现。

- 属性、事件清单（每个元件属性、事件具体含义请参考随书光盘或网上电子资源），如表 3-3-2 所示。

表 3-3-2

属性、事件模块	所属面板	作用说明
set Label_Score1.Text to	My Blocks→Label_Score1	设置标签 Label_Score1 的内容
set ImageSprite1.Picture to	My Blocks→ImageSprite1	设置图片动画 ImageSprite1 的图片资源
when Button_Throw.Click do	My Blocks→Button_Throw	单击按钮 Button_Throw 时呼叫本事件
when Screen1.Initialize do	My Blocks→Screen1	应用程序一启动运行就同步呼叫本事件，本事件可用来初始化某些数据以及执行一些前置性操作

- 指令清单（每个指令具体含义请参考随书光盘或网上电子资源），如表 3-3-3 所示。

表 3-3-3

指令模块	所属面板	作用说明
def variable as	Built-In→Definition	定义变量。variable 是变量名，可以通过单击名字进行修改。as 后面可拼接的内容包括字符串、数字、清单、逻辑值等
global variable	My Blocks→My Definitions	取得全局变量 variable 的值。注意，variable 的名字若在定义变量时有修改过，那么这里会同步更新
set global variable to	My Blocks→My Definitions	设置全局变量 variable 的值。注意，variable 的名字若在定义变量时有修改过，那么这里会同步更新
text text	Built-In→Text	字符串常量，默认值为 text。可以通过单击值来修改
call make a list item	Built-In→Lists	新建一个清单，并自行指定清单元素。若未指定任何元素，则此为一个空清单
call select list item list index	Built-In→Lists	取得清单 list 指定位置 index 的元素内容，清单中第一个元素的位置为 1

续表

指令模块	所属面板	作用说明
number 123	Built-In→Math	数字常量，默认值为 123。可以通过单击值来修改
>	Built-In→Math	比较两个指定数字。如果前者大于后者返回 true，否则返回 false
=	Built-In→Math	比较两个指定数字。如果相等返回 true，否则返回 false
+	Built-In→Math	对两个操作数进行求和。可以单击＋号选择其他可操作的运算符
call random integer from to	Built-In→Math	返回一个介于数字 from 到数字 to 之间的随机整数，包含下限（from）和上限（to）。参数由小到大或由大到小不会影响计算结果
and test	Built-In→Logic	测试是否所有条件都为真。当插入第一个条件 test 时会自动增加第二个条件插槽。由上到下顺序测试，若测试过程中任一条件为假则停止测试，并返回 false。若所有条件都为真，则返回 true。若无任何条件也返回 true
or test	Built-In→Logic	测试所有条件中是否至少有一个条件为真。当插入第一个条件 test 时会自动增加第二个条件插槽。由上到下顺序测试，若测试过程中任一条件为真则停止测试，并返回 true。若所有条件都为假，则返回 false。若无任何条件也返回 false
choose test then-do then-return else-do else-return	Built-In→Logic	测试指定条件 test，若为 true 则执行 then-do 中的指令并返回 then-return 对应的值，反之则执行 else-do 中的指令并返回 else-return 对应的值

- 功能实现。
① 全局变量的定义，如表 3-3-4 所示。

表 3-3-4

功能	定义全局变量	
	代码模块	作用说明
定义变量	def list as call make a list item	将骰子 6 个面对应的图片保存成一个清单
	def d1 as number 0	保存产生的第 1 个随机数，即第 1 颗骰子的点数
	def d2 as number 0	保存产生的第 2 个随机数，即第 2 颗骰子的点数
	def d3 as number 0	保存产生的第 3 个随机数，即第 3 颗骰子的点数
	def d4 as number 0	保存产生的第 4 个随机数，即第 4 颗骰子的点数
	def d5 as number 0	保存产生的第 5 个随机数，即第 5 颗骰子的点数
	def d6 as number 0	保存产生的第 6 个随机数，即第 6 颗骰子的点数

② 程序初始化时，将骰子 6 个面对应的图片保存到清单中，如表 3-3-5 所示。

表 3-3-5

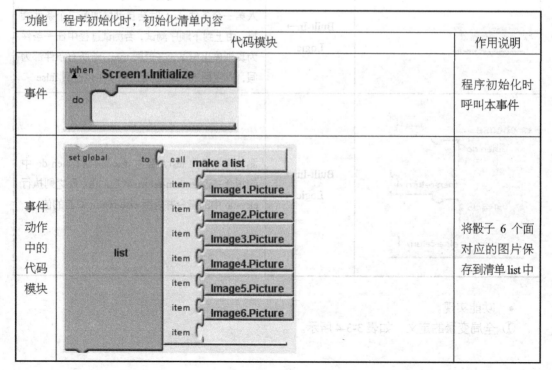

功能	程序初始化时，初始化清单内容	
	代码模块	作用说明
事件	when Screen1.Initialize do	程序初始化时呼叫本事件
事件动作中的代码模块	set global list to call make a list item Image1.Picture item Image2.Picture item Image3.Picture item Image4.Picture item Image5.Picture item Image6.Picture item	将骰子 6 个面对应的图片保存到清单 list 中

续表

功能	程序初始化时，初始化清单内容	
	代码模块	作用说明
最终模块拼接	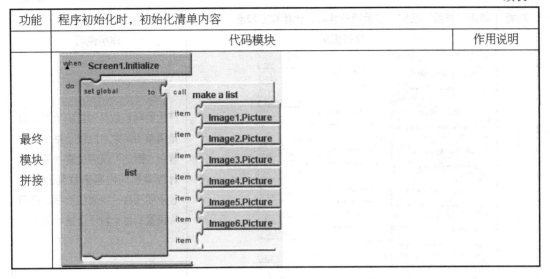	

③ 单击"掷骰"按钮，产生 6 个随机数，并设置 6 颗骰子显示的图片（即点数），显示双方点数之和，如表 3-3-6 所示。

满足以下条件之一，则对家赢。
  A. 6 颗骰子的点数均相同（围骰）。
  B. 对家 3 颗骰子均相同（不管玩家 3 颗骰子是否相同）。
  C. 对家 3 颗骰子点数之和大于玩家 3 颗骰子点数之和。

满足以下条件之一，则玩家赢。
  A. 对家 3 颗骰子点数不同的情况下玩家 3 颗骰子均相同。
  B. 玩家 3 颗骰子点数之和大于对家 3 颗骰子点数之和。

表 3-3-6

功能	单击"掷骰"按钮，显示骰子点数，计算双方和值，显示胜负
	代码模块 作用说明
事件	when Button_Throw.Click do 　　　　　　　　　单击"掷骰"按钮 Button_Throw 时呼叫本事件
事件动作中的代码模块	set global d1 to call random integer from number 1 to number 6 set global d2 to call random integer from number 1 to number 6 set global d3 to call random integer from number 1 to number 6 set global d4 to call random integer from number 1 to number 6 set global d5 to call random integer from number 1 to number 6 set global d6 to call random integer from number 1 to number 6 　　产生 6 个随机数分别赋值给变量 d1、d2、d3、d4、d5、d6。由于随机数对应的是每个骰子的点数，因此随机数的范围为 1~6，其中，d1、d2、d3 保存的是对家 3 颗骰子的点数，d4、d5、d6 保存的是玩家 3 颗骰子的点数

续表

功能	单击"掷骰"按钮，显示骰子点数，计算双方和值，显示胜负	
	代码模块	作用说明
事件动作中的代码模块	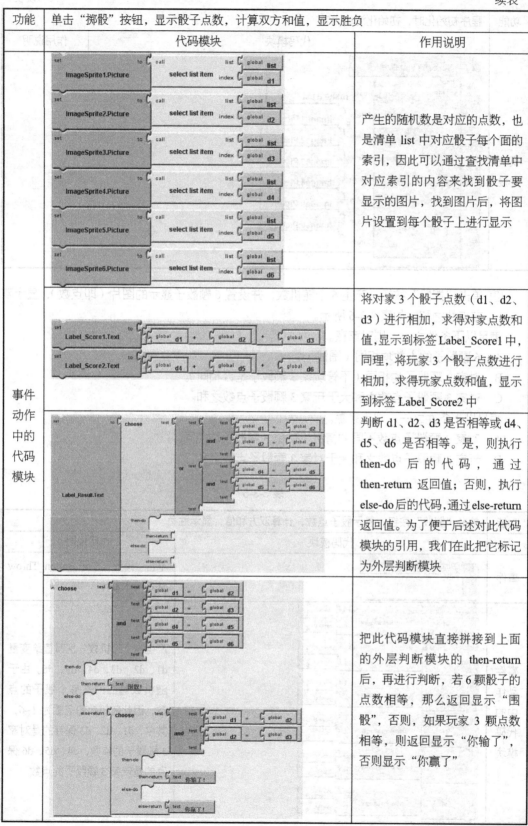	产生的随机数是对应的点数，也是清单 list 中对应骰子每个面的索引，因此可以通过查找清单中对应索引的内容来找到骰子要显示的图片，找到图片后，将图片设置到每个骰子上进行显示
		将对家 3 个骰子点数（d1、d2、d3）进行相加，求得对家点数和值，显示到标签 Label_Score1 中，同理，将玩家 3 个骰子点数进行相加，求得玩家点数和值，显示到标签 Label_Score2 中
		判断 d1、d2、d3 是否相等或 d4、d5、d6 是否相等。是，则执行 then-do 后的代码，通过 then-return 返回值；否则，执行 else-do 后的代码，通过 else-return 返回值。为了便于后述对此代码模块的引用，我们在此把它标记为外层判断模块
		把此代码模块直接拼接到上面的外层判断模块的 then-return 后，再进行判断，若 6 颗骰子的点数相等，那么返回显示"围骰"，否则，如果玩家 3 颗点数相等，则返回显示"你输了"，否则显示"你赢了"

续表

功能	单击"掷骰"按钮，显示骰子点数，计算双方和值，显示胜负	
	代码模块	作用说明
事件动作中的代码模块	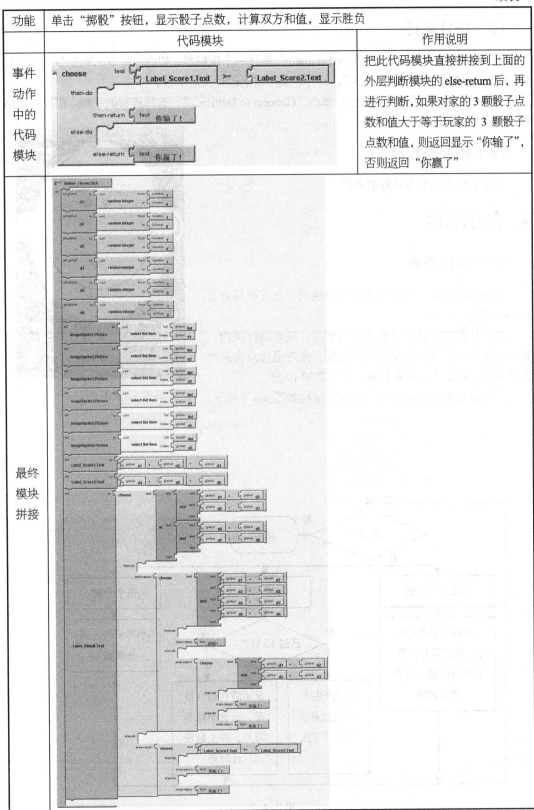	把此代码模块直接拼接到上面的外层判断模块的 else-return 后，再进行判断，如果对家的 3 颗骰子点数和值大于等于玩家的 3 颗骰子点数和值，则返回显示"你输了"，否则返回"你赢了"
最终模块拼接		

（5）项目运行

① 在图块编辑器中单击"New Emulator"新建一个模拟器，初始化完毕，单击"Connect to Device…"，选择"emulator-5554"，即可在模拟器上运行当前项目。

② 连接实体手机到计算机上，单击"Connect to Device…"，选择连接的手机，即可在实体手机上运行当前项目。

（6）拓展与提高

思考实现显示双方各赢的局数。

4. 青春战痘

（1）项目需求

青春痘为慢性炎症性毛囊皮脂腺疾病，是皮肤科最常见的疾病之一。

本项目要求开发一个青春战痘程序，在有限时间内，青春痘每隔一秒随机出现在人物脸部，用户通过点击来消灭青春痘，每消灭一颗青春痘，得分累加10分。

运行效果如图3-4-1所示。流程图结构如图3-4-2所示。

图3-4-1

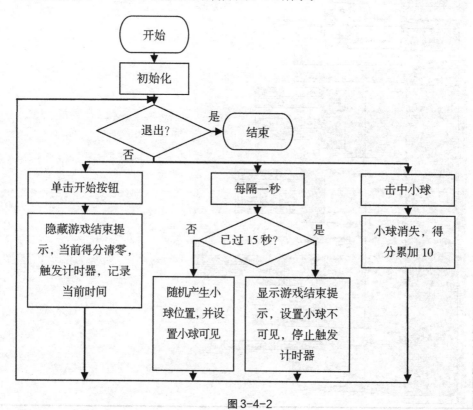

图3-4-2

（2）项目素材

- 素材路径：光盘/强化实训素材/4。
- 素材资源：face.png（脸部图片）。

（3）项目界面设计

新建项目 Fighter。项目设计界面如图 3-4-3 所示。元件结构如图 3-4-4 所示。

图 3-4-3

图 3-4-4

打开设计器，根据图 3-4-3、图 3-4-4 进行项目界面设计。项目所需界面元件及属性设置如表 3-4-1 所示。

表 3-4-1

元件	所属面板	重命名	属性名	属性值
Screen1			BackgroundColor	Black
			Scrollable	勾选
Canvas	Basic	Canvas1	BackgroundColor	Black
			BackgroundImage	face.png
			Width	Fill parent
			Height	330
Ball	Animation	Ball1	Visible	取消勾选
Button	Basic	Button1	Text	开始
HorizontalArrangement	ScreenArrangement	HorizontalArrangement1	Width	Fill parent
Label	Basic	Label1	Text	得分：
			TextColor	White
Label	Basic	Label2	Text	0
			TextColor	White
Label	Basic	Label3	Text	游戏结束
			TextColor	Yellow
			Visible	hidden
Clock	Basic	Clock1	TimerEnabled	取消勾选

（4）项目功能实现

打开图块编辑器，进行项目功能实现。

- 属性、事件、方法清单（每个元件属性、事件、方法具体含义请参考随书光盘或网上电子资源），如表 3-4-2 所示。

表 3-4-2

属性、事件、方法模块	所属面板	作用说明
set Label2.Text to	My Blocks→Label2	设置标签 Label2 的内容
set Label3.Visible to	My Blocks→Label3	设置标签 Label3 可见性。true 表示可见，false 表示不可见
set Ball1.Visible to	My Blocks→Ball1	设置球 Ball1 可见性。true 表示可见，false 表示不可见
set Clock1.TimerEnabled to	My Blocks→Clock1	设置时钟 Clock1 可用性。true 表示可用，false 表示不可用
when Button1.Click do	My Blocks→Button1	单击按钮 Button1 时呼叫本事件
when Ball1.Touched x name x y name y do	My Blocks→Ball1	触碰（从开始触碰和停止触碰整个过程）球时呼叫本事件。其中，x 和 y 是触碰点的坐标
when Clock1.Timer do	My Blocks→Clock1	计时器 Clock1 每隔一段时间就会被触发一次，每次触发时呼叫本事件
call Ball1.MoveTo x y	My Blocks→Ball1	让球移动到指定点坐标
call Clock1.SystemTime	My Blocks→Clock1	返回 Android 装置内部系统时间，单位为毫秒

- 指令清单（每个指令具体含义请参考随书光盘或网上电子资源），如表 3-4-3 所示。

表 3-4-3

指令模块	所属面板	作用说明
def variable as	Built-In→Definition	定义变量。variable 是变量名，可以通过单击名字进行修改。as 后面可拼接的内容包括字符串、数字、清单、逻辑值等
global variable	My Blocks→My Definitions	取得全局变量 variable 的值。注意，variable 的名字若在定义变量时有修改过，那么这里会同步更新
set global variable to	My Blocks→My Definitions	设置全局变量 variable 的值。注意，variable 的名字若在定义变量时有修改过，那么这里会同步更新
name name	视用途而定	有 3 种用途。 A. 作为定义方法时的参数存在。此时，需要在 Built-In→Definition 中选择此模块，参数个数没有限制，name 是参数名。 B. 作为内置方法的参数存在。此时，调用内置方法时，若此方法有参数，则会自动带有默认名称的参数。 C. 作为指令使用时的变量存在。比如，在使用 foreach 指令时，可以使用 var 来保存每次访问到的数据。此时，指令会自动带有默认名称的变量。 不管哪种情况，都可以通过单击来修改名字
number 123	Built-In→Math	数字常量，默认值为 123。可以通过单击值来修改
<=	Built-In→Math	比较两个指定数字。如果前者小于或等于后者返回 true，否则返回 false
+	Built-In→Math	对两个操作数进行求和。可以单击 + 号选择其他可操作的运算符
−	Built-In→Math	对两个操作数进行求差。可以单击 − 号选择其他可操作的运算符
call random integer from to	Built-In→Math	返回一个介于数字 from 到数字 to 之间的随机整数，包含下限（from）和上限（to）。参数由小到大或由大到小不会影响计算结果
true	Built-In→Logic	布尔类型常数的真。用来设置元件的布尔属性值，或用来表示某种状况的变量值
false	Built-In→Logic	布尔类型常数的假。用来设置元件的布尔属性值，或用来表示某种状况的变量值
ifelse test then-do else-do	Built-In→Control	条件语句，测试指定条件 test，若为 true 则执行 then-do 中的指令，反之则执行 else-do 中的指令

- 功能实现。
① 全局变量的定义，如表 3-4-4 所示。

表 3-4-4

功能	定义全局变量	
	代码模块	作用说明
定义变量	def ballX as number 0	保存小球的 X 坐标
	def ballY as number 0	保存小球的 Y 坐标
	def count as number 0	保存得分
	def time as number 0	保存游戏开始的起始时间，用于计时

② 单击"开始"按钮，隐藏游戏结束提示，得分清零，触发时钟开始计时，记录当前起始时间，如表 3-4-5 所示。

表 3-4-5

功能	单击"开始"按钮，开始游戏	
	代码模块	作用说明
事件	when Button1.Click do	单击"开始"按钮 Button1 时呼叫本事件
事件动作中的代码模块	set Label3.Visible to false	隐藏标签 Label3 的内容"游戏结束"
	set global count to number 0	得分清零
	set Label2.Text to number 0	设置标签 Label2 的文本为 0，即当前是 0 分
	set Clock1.TimerEnabled to true	触发计时器 Clock1 开始计时
	set global time to call Clock1.SystemTime	设置变量 time 为当前时间
最终模块拼接	when Button1.Click do set Label3.Visible to false set global count to number 0 set Label2.Text to number 0 set Clock1.TimerEnabled to true set global time to call Clock1.SystemTime	

③ 每隔一秒,将当前时间与之前记录的时间进行相减得出时间差,如果时间差小于等于 15 秒,则随机产生小球的位置(ballX,ballY),将小球显示到随机位置上,否则显示游戏结束提示,小球消失,停止触发时钟,如表 3-4-6 所示。

表 3-4-6

功能	每隔一秒,计算时间差,根据时间差执行不同的动作	
	代码模块	作用说明
事件	when Clock1.Timer do	计时器 Clock1 每隔一秒就会被触发一次,每次触发时呼叫本事件
事件动作中的代码模块	ifelse test: call Clock1.SystemTime - global time <= number 15000 then-do else-do	将当前时间减去游戏开始时间得出时间差,判断如果时间差小于等于 15 秒,则执行 then-do 后的代码,否则执行 else-do 后的代码
	set global ballX to call random integer from number 1 to number 320 set global ballY to call random integer from number 1 to number 330	then-do 后的代码(即时间差小于等于 15 秒):设置 ballX 和 ballY 为 1~320 的随机数,用作保存小球新的位置坐标值
	call Ball1.MoveTo x global ballX y global ballY	then-do 后的代码(即时间差小于等于 15 秒):让球移动到指定点坐标(ballX,ballY)

续表

功能	每隔一秒，计算时间差，根据时间差执行不同的动作		
	代码模块		作用说明
事件动作中的代码模块	set Ball1.Visible to true		then-do 后的代码（即时间差小于等于15秒）：显示小球
	set Label3.Visible to true		else-do 后的代码（即时间差大于15秒）：设置标签Label3可见，显示游戏结束
	set Ball1.Visible to false		else-do 后的代码（即时间差大于15秒）：隐藏小球
	set Clock1.TimerEnabled to false		else-do 后的代码（即时间差大于15秒）：停止触发计时器Clock1
最终模块拼接	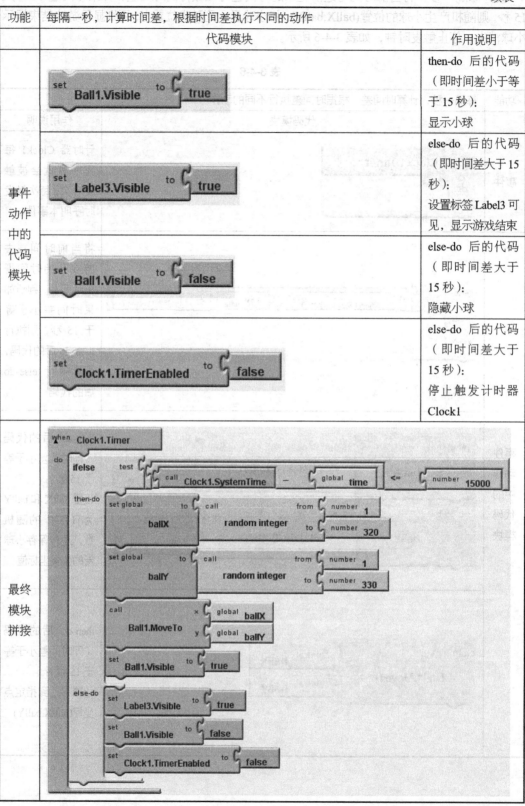		

④ 当小球被单击，则小球消失，并将分数累加10分，显示分数，如表3-4-7所示。

表3-4-7

功能	单击小球，小球消失，计算得分	
	代码模块	作用说明
事件	when Ball1.Touched / name x / name y / do	触碰球Ball1时呼叫本事件
事件动作中的代码模块	set Ball1.Visible to false	隐藏小球
	set global count to global count + number 10	得分累加10
	set Label2.Text to global count	设置标签Label2的内容为当前得分
最终模块拼接	when Ball1.Touched / name x / name y / do set Ball1.Visible to false / set global count to global count + number 10 / set Label2.Text to global count	

（5）项目运行

① 在图块编辑器中单击"New Emulator"新建一个模拟器，初始化完毕，单击"Connect to Device…"，选择"emulator-5554"，即可在模拟器上运行当前项目。

② 连接实体手机到计算机上，单击"Connect to Device…"，选择连接的手机，即可在实体手机上运行当前项目。

（6）拓展与提高

① 思考实现显示剩余秒数，让玩家明确游戏所剩时间。

② 思考添加计时器，计时到15秒后停止游戏。

5. 打地鼠

（1）项目需求

打地鼠是一款经典的休闲游戏，能够反映玩家的敏捷反应。

本项目要求开发一个打地鼠程序，地鼠随机出现在 5 个地洞之一，玩家通过点击随机出现的地鼠，击中分数累加 10 分。

运行效果如图 3-5-1 所示。流程图结构如图 3-5-2 所示。

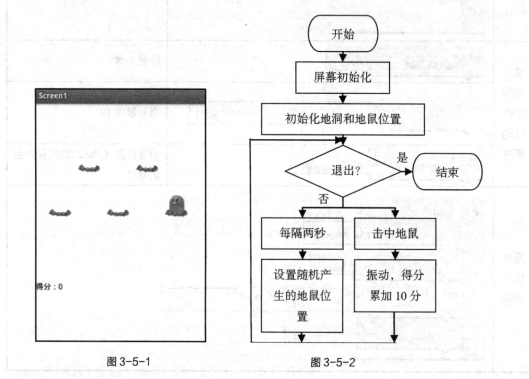

图 3-5-1　　　　　　图 3-5-2

（2）项目素材

- 素材路径：光盘/强化实训素材/5。
- 素材资源：hole.png（地洞图片）、mole.png（地鼠图片）。

（3）项目界面设计

新建项目 Mole_Hole。项目设计界面如图 3-5-3 所示。元件结构如图 3-5-4 所示。

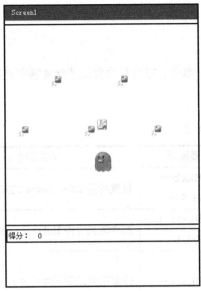

图 3-5-3

图 3-5-4

打开设计器,根据图 3-5-3、图 3-5-4 进行项目界面设计。项目所需界面元件及属性设置如表 3-5-1 所示。

表 3-5-1

元件	所属面板	重命名	属性名	属性值
Screen1			AlignHorizontal	Center
Canvas	Basic	GameCanvas	Width	320
			Height	320
ImageSprite(5个)	Animation	分别为 Hole1、Hole2、Hole3、Hole4、Hole5	Hole1:X 为 75,Y 为 80	
			Hole2:X 为 185,Y 为 80	
			Hole3:X 为 20,Y 为 160	
			Hole4:X 为 130,Y 为 160	
			Hole5:X 为 240,Y 为 160	
ImageSprite	Animation	Mole	Picture	mole.png
			X	134
			Y	196
HorizontalArrangement	Screen Arrangement	HorizontalArrangement1	Width	Fill parent
Label	Basic	Label_Info	Text	得分:
Label	Basic	Label_Score	Text	0
Clock	Basic	MoleClock	TimerInterval	2000
Sound	Media	Sound1		

(4) 项目功能实现

打开图块编辑器,进行项目功能实现。

- 属性、事件、方法清单(每个元件属性、事件、方法具体含义请参考随书光盘或网上电子资源),如表 3-5-2 所示。

表 3-5-2

属性、事件、方法模块	所属面板	作用说明
set Label_Score.Text to	My Blocks→Label_Score	设置标签 Label_Score 的内容
component Hole1	My Blocks→Hole1	图片动画元件 Hole1 的对象引用
set ImageSprite.Picture component to	My Blocks→Advanced	设置图片动画元件对象 component 的图片资源
ImageSprite.X component	My Blocks→Advanced	取得图片动画元件对象 component 当前位置的 X 坐标
ImageSprite.Y component	My Blocks→Advanced	取得图片动画元件对象 component 当前位置的 Y 坐标
when Mole.Touched x name x y name y do	My Blocks→Mole	触碰(从开始触碰到停止触碰整个过程)图片动画时呼叫本事件。其中:x 和 y 是触碰点的坐标
when MoleClock.Timer do	My Blocks→MoleClock	计时器 MoleClock 每隔一段时间就会被触发一次,每次触发时呼叫本事件
when Screen1.Initialize do	My Blocks→Screen1	应用程序一启动运行就同步呼叫本事件,本事件可用来初始化某些数据以及执行一些前置性操作

- 指令清单(每个指令具体含义请参考随书光盘或网上电子资源),如表 3-5-3 所示。

表 3-5-3

指令模块	所属面板	作用说明
def variable as	Built-In→Definition	定义变量。variable 是变量名，可以通过单击名字进行修改。as 后面可拼接的内容包括字符串、数字、清单、逻辑值等
global variable	My Blocks→My Definitions	取得全局变量 variable 的值。注意，variable 的名字若在定义变量时有修改过，那么这里会同步更新
set global variable to	My Blocks→My Definitions	设置全局变量 variable 的值。注意，variable 的名字若在定义变量时有修改过，那么这里会同步更新
to procedure arg do	Built-In→Definition	方法的定义。procedure 是方法名，可以通过单击名字进行修改。作用是将多个指令集合在一起，以后调用该方法时，被集合在其中的指令会按顺序依次执行
call procedure	My Blocks→My Definitions	方法的调用。注意，procedure 的名字若在定义方法时有修改过，那么这里会同步更新
name name	视用途而定	有 3 种用途。 A. 作为定义方法时的参数存在。此时，需要在 Built-In→Definition 中选择此模块，参数个数没有限制，name 是参数名。 B. 作为内置方法的参数存在。此时，调用内置方法时，若此方法有参数，则会自动带有默认名称的参数。 C. 作为指令使用时的变量存在。比如，在使用 foreach 指令时，可以使用 var 来保存每次访问到的数据。此时，指令会自动带有默认名称的变量。 不管哪种情况，都可以通过单击来修改名字
value name	My Blocks→My Definitions	取得自定或内置方法参数的值，或取得指令运行时变量的值。注意，若在定义参数时有修改过名字，那么这里会同步更新
text text	Built-In→Text	字符串常量，默认值为 text。可以通过单击值来修改
call make a list item	Built-In→Lists	新建一个清单，并自行指定清单元素。若未指定任何元素，则此为一个空清单
call add items to list list item	Built-In→Lists	将指定内容 item 添加到清单 list 后面
call pick random item list	Built-In→Lists	从清单 list 中随机取得任一项目
number 123	Built-In→Math	数字常量，默认值为 123。可以通过单击值来修改
+	Built-In→Math	对两个操作数进行求和。可以单击 + 号选择其他可操作的运算符
foreach variable do in list	Built-In→Control	逐个访问指定清单（in list）的元素 variable，do 执行的次数取决于清单的长度

- 功能实现。

① 全局变量的定义，如表 3-5-4 所示。

表 3-5-4

功能	定义全局变量	
	代码模块	作用说明
定义变量	def holes as call make a list item	保存 5 个地洞图片动画元件
	def currentHole as number 0	保存当前随机出现地鼠的地洞图片动画元件

② 由于多处需要随机产生地鼠位置，因此，定义一个名为 moveMole 的方法，用于随机选择 holes 列表中的地洞，将地鼠移动到地洞图片动画所在位置上，从而实现随机产生地鼠位置的功能，如表 3-5-5 所示。

表 3-5-5

功能	随机产生地鼠位置	
	代码模块	作用说明
方法	to moveMole arg do	定义随机产生地鼠位置的方法 moveMole
方法中的代码模块	set global currentHole to call pick random item list global holes	设置变量 currentHole 为 holes 清单中的任意一个随机项（即任意一个地洞图片动画）
	call Mole.MoveTo x ImageSprite.X component global currentHole y ImageSprite.Y component global currentHole	让图片动画 Mole（地鼠）移动到当前随机洞的指定点坐标处
最终模块拼接	to moveMole arg do set global currentHole to call pick random item list global holes call Mole.MoveTo x ImageSprite.X component global currentHole y ImageSprite.Y component global currentHole	

③ 程序初始化，将 5 张地洞图片元件添加到清单 holes 中，使用 foreach 循环对 holes 中的每个元件设置图片，然后调用 moveMole 方法将地鼠移到随机产生的位置上，如表 3-5-6 所示。

表 3-5-6

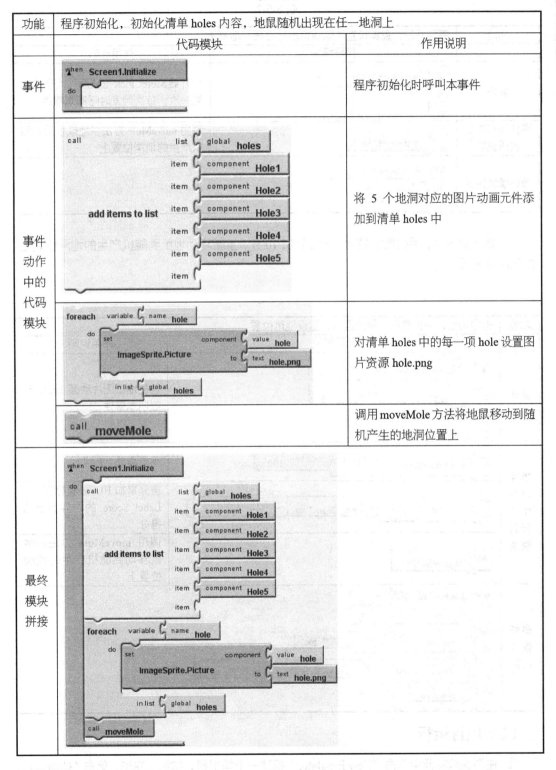

④ 每隔两秒，随机产生地鼠位置，并将地鼠移动到随机位置上，如表 3-5-7 所示。

表 3-5-7

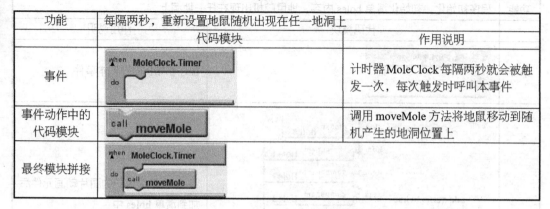

⑤ 地鼠被击中，手机发生震动，得分累加 10 分，重新移动地鼠到随机产生的地洞位置上，如表 3-5-8 所示。

表 3-5-8

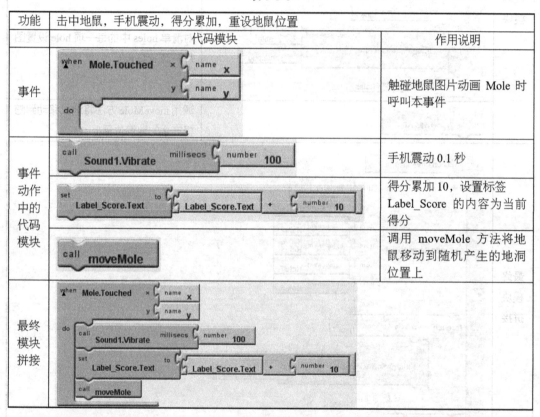

（5）项目运行

① 在图块编辑器中单击 "New Emulator" 新建一个模拟器，初始化完毕，单击 "Connect to Device..."，选择 "emulator-5554"，即可在模拟器上运行当前项目。

② 连接实体手机到计算机上，单击 "Connect to Device..."，选择连接的手机，即可在实体

手机上运行当前项目。

注意：由于在击中地鼠时，有手机震动功能，此功能只有在连接到实体手机时才能体验到。

（6）拓展与提高

① 思考添加结束规则，如添加结束按钮，或添加限时。
② 思考添加显示历史最佳成绩功能。

6. 移动滑板

（1）项目需求

移动滑板是一款经典的休闲游戏，能够反映玩家的敏捷反应和准确性。

本项目要求开发一个移动滑板程序，用户可以通过拖动屏幕下方的滑板在水平方向上改变滑板的位置，小球碰撞到四边或滑板会反弹改变运行轨迹，若小球撞到小兔，则小兔改变位置和表情并发出声音，若滑板没有接住小球使小球撞到地下，则小球加速，当速度达到一定阀值时，游戏结束。

运行效果如图 3-6-1 所示。流程图结构如图 3-6-2 所示。

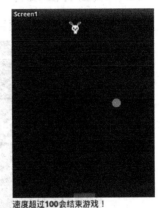

图 3-6-1

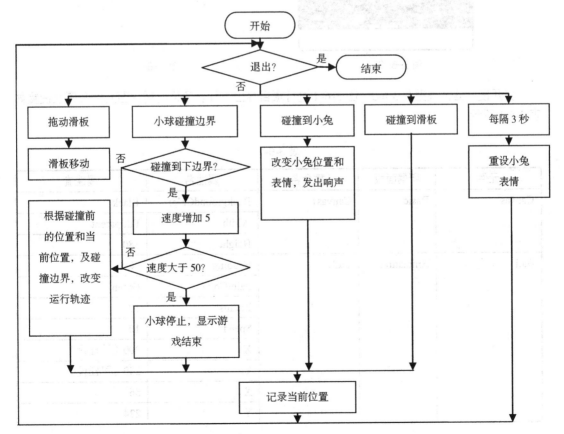

图 3-6-2

（2）项目素材

- 素材路径：光盘/强化实训素材/6。
- 素材资源：slide.png（滑板图片）、rabbit_sad.png（小兔伤心表情图片）、rabbit_pleasure.png（小兔快乐表情图片）。

（3）项目界面设计

新建项目 MoveSlide。项目设计界面如图 3-6-3 所示。元件结构如图 3-6-4 所示。

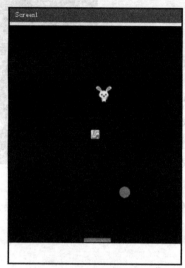
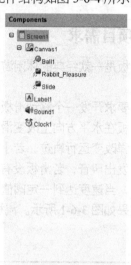

图 3-6-3　　　　　　　　　　　　　　　　图 3-6-4

打开设计器，根据图 3-6-3、图 3-6-4 进行项目界面设计。项目所需界面元件及属性设置如表 3-6-1 所示。

表 3-6-1

元件	所属面板	重命名	属性名	属性值
Canvas	Basic	Canvas1	BackgroundColor	Black
			Width	Fill parent
			Height	380
Ball	Animation	Ball1	Heading	-45
			PaintColor	Green
			Radius	10
			Speed	10
			X	200（可任设）
			Y	240（可任设）
			X	56
			Y	224

续表

元件	所属面板	重命名	属性名	属性值
ImageSprite	Animation	Rabbit_Pleasure	Picture	rabbit_pleasure.png
			X	156（可任设）
			Y	101（可任设）
ImageSprite	Animation	Slide	Picture	slide.png
			X	135
			Y	370
Label	Basic	Label1	FontBold	勾选
			FontSize	18
			Text	空
			TextAlignment	center
			TextColor	Red
			Width	Fill parent
Sound	Media	Sound1	Source	fight.wav
Clock	Basic	Clock1	TimerInterval	3000

说明：AppInventor 对手机的屏幕边界定义如图 3-6-5 所示，具体数值代表的含义如表 3-6-2 所示。

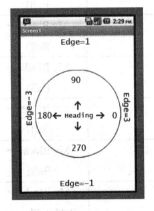

图 3-6-5

表 3-6-2

Edge 取值	屏幕位置
1	屏幕上边界
2	屏幕右上角
3	屏幕右边界
4	屏幕右下角
-1	屏幕下边界
-2	屏幕左下角
-3	屏幕左边界
-4	屏幕左上角

（4）项目功能实现

打开图块编辑器，进行项目功能实现。

- 属性、事件、方法清单（每个元件属性、事件、方法具体含义请参考随书光盘或网上电子资源），如表 3-6-3 所示。

表 3-6-3

属性、事件、方法模块	所属面板	作用说明
set Slide.X to	My Blocks→Slide	设置图片动画 Slide 的 X 坐标
set Slide.Y to	My Blocks→Slide	设置图片动画 Slide 的 Y 坐标
set Label1.Text to	My Blocks→Label1	设置标签 Label1 的内容
set Ball1.Heading to	My Blocks→Ball1	设置球 Ball1 的移动方向，单位为度。水平向右为 0 度，垂直向上为 90 度，水平向左为 180 度，垂直向下为 270 度
set Ball1.Speed to	My Blocks→Ball1	设置球每单位时间的移动距离，单位为像素
Ball1.X	My Blocks→Ball1	取得球 Ball1 的 X 坐标
set Ball1.X to	My Blocks→Ball1	设置球 Ball1 的 X 坐标
Ball1.Y	My Blocks→Ball1	取得球 Ball1 的 Y 坐标
set Ball1.Y to	My Blocks→Ball1	设置球 Ball1 的 Y 坐标
set Rabbit_Pleasure.Picture to	My Blocks→Rabbit_Pleasure	设置图片动画 Rabbit_Pleasure 的图片资源
when Ball1.EdgeReached edge name edge do	My Blocks→Ball1	当球与屏幕边界接触时呼叫本事件。其中，edge 代表球接触的位置，如下所示。 上边界（edge=1） 右上边界（edge=2） 右边界（edge=3） 右下角（edge=4） 下边界（edge=-1） 左下边界（edge=-2） 左边界（edge=-3） 左上角（edge=-4）

续表

属性、事件、方法模块	所属面板	作用说明
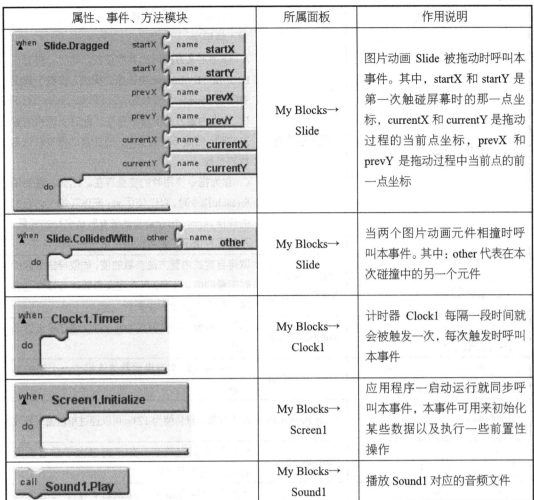	My Blocks→Slide	图片动画 Slide 被拖动时呼叫本事件。其中，startX 和 startY 是第一次触碰屏幕时的那一点坐标，currentX 和 currentY 是拖动过程的当前点坐标，prevX 和 prevY 是拖动过程中当前点的前一点坐标
	My Blocks→Slide	当两个图片动画元件相撞时呼叫本事件。其中：other 代表在本次碰撞中的另一个元件
	My Blocks→Clock1	计时器 Clock1 每隔一段时间就会被触发一次，每次触发时呼叫本事件
	My Blocks→Screen1	应用程序一启动运行就同步呼叫本事件，本事件可用来初始化某些数据以及执行一些前置性操作
	My Blocks→Sound1	播放 Sound1 对应的音频文件

- 指令清单（每个指令具体含义请参考随书光盘或网上电子资源），如表 3-6-4 所示。

表 3-6-4

指令模块	所属面板	作用说明
	Built-In→Definition	定义变量。variable 是变量名，可以通过单击名字进行修改。as 后面可拼接的内容包括字符串、数字、清单、逻辑值等
	My Blocks→My Definitions	取得全局变量 variable 的值。注意，variable 的名字若在定义变量时有修改过，那么这里会同步更新
	My Blocks→My Definitions	设置全局变量 variable 的值。注意，variable 的名字若在定义变量时有修改过，那么这里会同步更新

续表

指令模块	所属面板	作用说明
name	视用途而定	有3种用途。 A. 作为定义方法时的参数存在。此时，需要在 Built-In→Definition 中选择此模块，参数个数没有限制，name 是参数名。 B. 作为内置方法的参数存在。此时，调用内置方法时，若此方法有参数，则会自动带有默认名称的参数。 C. 作为指令使用时的变量存在。比如，在使用 foreach 指令时，可以使用 var 来保存每次访问到的数据。此时，指令会自动带有默认名称的变量。不管哪种情况，都可以通过单击来修改名字
value name	My Blocks→My Definitions	取得自定或内置方法参数的值，或取得指令运行时变量的值。注意，若在定义参数时有修改过名字，那么这里会同步更新
text	Built-In→Text	字符串常量，默认值为 text。可以通过单击值来修改
call make text	Built-In→Text	将所有指定的字符串或数值连接成一个新的字符串
number 123	Built-In→Math	数字常量，默认值为 123。可以通过单击值来修改
>	Built-In→Math	比较两个指定数字。如果前者大于后者返回 true，否则返回 false
<	Built-In→Math	比较两个指定数字。如果前者小于后者返回 true，否则返回 false
=	Built-In→Math	比较两个指定数字。如果相等返回 true，否则返回 false
+	Built-In→Math	对两个操作数进行求和。可以单击 + 号选择其他可操作的运算符
call random integer from to	Built-In→Math	返回一个介于数字 from 到数字 to 之间的随机整数，包含下限（from）和上限（to）。参数由小到大或由大到小不会影响计算结果
if test then-do	Built-In→Control	条件语句，测试指定条件 test，若为 true 则执行 then-do 中的指令，反之则跳过此代码块
ifelse test then-do else-do	Built-In→Control	条件语句，测试指定条件 test，若为 true 则执行 then-do 中的指令，反之则执行 else-do 中的指令

- 功能实现。

① 全局变量的定义，如表 3-6-5 所示。

表 3-6-5

功能	定义全局变量	
	代码模块	作用说明
定义变量	 def Pre_X as number 0	保存小球上一个位置的 X 坐标
	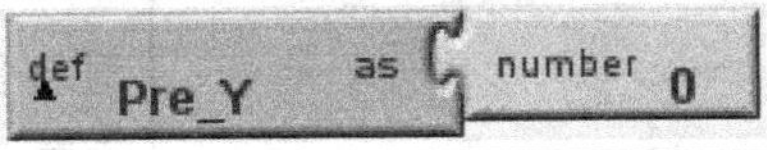 def Pre_Y as number 0	保存小球上一个位置的 Y 坐标

② 程序初始化时，设置小兔和小球随机出现，记录小球当前位置，显示小球当前速度，如表 3-6-6 所示。

表 3-6-6

功能	程序初始化，设置小兔和小球位置，记录小球位置，显示小球速度	
	代码模块	作用说明
事件	 when Screen1.Initialize do	程序初始化时呼叫本事件
事件动作中的代码模块	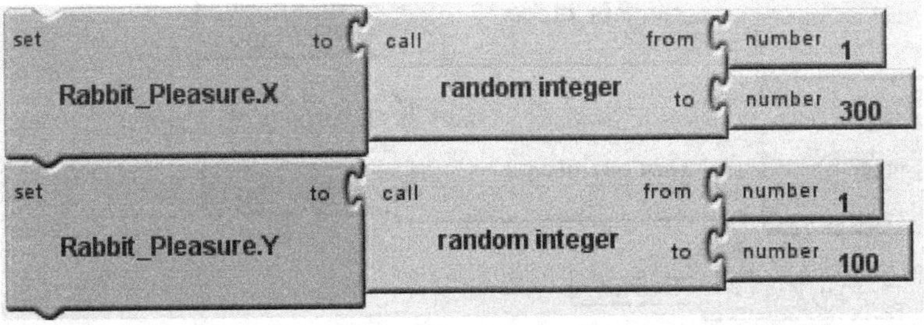 set Rabbit_Pleasure.X to call random integer from number 1 to number 300 set Rabbit_Pleasure.Y to call random integer from number 1 to number 100	设置小兔随机出现的位置
	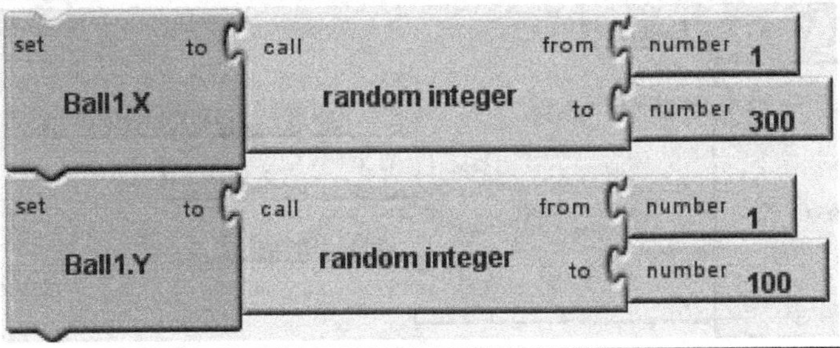 set Ball1.X to call random integer from number 1 to number 300 set Ball1.Y to call random integer from number 1 to number 100	设置小球随机出现的位置

续表

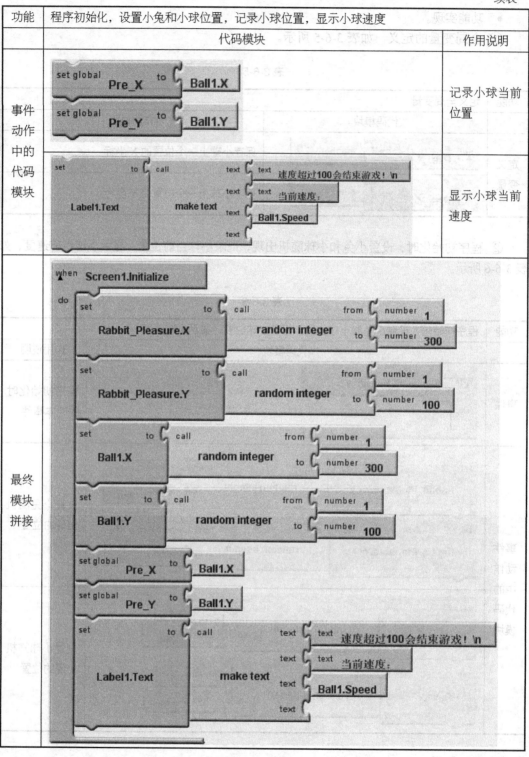

③ 滑板被拖动时，滑板在水平方向上移动，如表 3-6-7 所示。

表 3-6-7

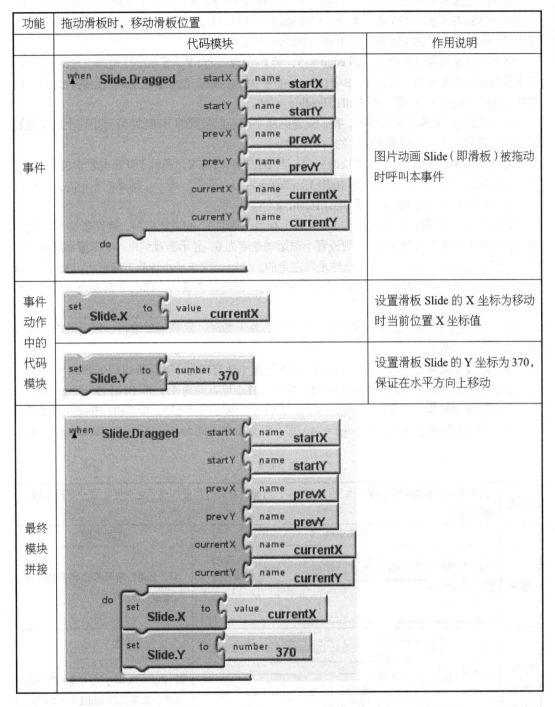

④ 小球撞到屏幕边界时，需要改变运动轨迹，当撞到地面时需要加速，当速度达到一定阀值时，游戏结束，如表 3-6-8 所示。

注意，需要对如下 3 种情况分别进行处理。

A. 小球撞到屏幕左右边界时，我们只需判断小球当前位置的 Ball1.Y 值与小球上一个位置的 Pre_Y 值的大小，就能确定小球的运动轨迹。

若小球碰撞到屏幕右边界，即 edge = 3，若 Ball1.Y < Pre.Y，表示小球是向上走的，这时，应该将小球的方向设为 135 度，即 Ball1.Heading = 135，否则，表示小球是向下走的，这时，应该将小球的方向设为-135 度，即 Ball1.Heading = -135。

若小球碰撞到屏幕左边界，即 edge = -3，若 Ball1.Y < Pre.Y，表示小球是向上走的，这时，应该将小球的方向设为 45 度，即 Ball1.Heading = 45，否则，表示小球是向下走的，这时，应该将小球的方向设为-45 度，即 Ball1.Heading = -45。

B. 小球撞到屏幕上下边界时，我们只需判断小球当前位置的 Ball1.X 值与小球上一个位置的 Pre_X 值的大小，就能确定小球的运动轨迹。

若小球碰撞到屏幕上边界，即 edge = 1，若 Ball1.X < Pre.X，表示小球是向左走的，这时，应该将小球的方向设为-135 度，即 Ball1.Heading = -135，否则，表示小球是向右走的，这时，应该将小球的方向设为-45 度，即 Ball1.Heading = -45。

若小球碰撞到屏幕下边界，即 edge = -1（相当于地面），按游戏规则，速度要加 10，此时需要先判断速度是否大于 100，是则设置小球运动速度为 0，显示游戏结束。小球撞到屏幕下边界时，若 Ball1.X < Pre.X，表示小球是向左走的，这时，应该将小球的方向设为 135 度，即 Ball1.Heading = 135，否则，表示小球是向右走的，这时，应该将小球的方向设为 45 度，即 Ball1.Heading = 45。

C. 小球撞到屏幕右上角、右下角、左下角、左上角时，只需简单地将小球运动轨迹改变为对角方向运动即可。

若小球撞到屏幕右上角，即 edge = 2，那么设置小球方向为-135 即 Ball1.Heading = -135。
若小球撞到屏幕左下角，即 edge = -2，那么设置小球方向为 45，即 Ball1.Heading = 45。
若小球撞到屏幕右下角，即 edge = 4，那么设置小球方向为 135，即 Ball1.Heading = 135。
若小球撞到屏幕左上角，即 edge = -4，那么设置小球方向为-45，即 Ball1.Heading = -45。

表 3-6-8

功能	小球撞到屏幕边界时，需要改变运动轨迹，当撞到地面时需要加速，当速度达到一定阀值时，游戏结束	
	代码模块	作用说明
事件	when Ball1.EdgeReached edge name edge do	当球 Ball1 与屏幕边界接触时呼叫本事件
事件动作中的代码模块	if test value edge = number 3 ifelse test Ball1.Y < global Pre_Y then-do set Ball1.Heading to number 135 else-do set Ball1.Heading to number -135	若 edge = 3，即小球碰撞到屏幕右边界，如果此时 Ball1.Y < Pre.Y，则将小球的方向设为 135 度，否则，将小球的方向设为-135 度

续表

功能	小球撞到屏幕边界时，需要改变运动轨迹，当撞到地面时需要加速，当速度达到一定阀值时，游戏结束	
	代码模块	作用说明
事件动作中的代码模块	（if test value edge = number -3；then-do ifelse test Ball1.Y < global Pre_Y，then-do set Ball1.Heading to number 45，else-do set Ball1.Heading to number -45）	若 edge = -3，即小球碰撞到屏幕左边界，如果此时 Ball1.Y < Pre.Y，则将小球的方向设为 45 度，否则，将小球的方向设为-45 度
	（if test value edge = number 1；then-do ifelse test Ball1.X < global Pre_X，then-do set Ball1.Heading to number -135，else-do set Ball1.Heading to number -45）	若 edge = 1，即小球碰撞到屏幕上边界，如果此时 Ball1.X < Pre.X，则将小球的方向设为-135 度，否则，将小球的方向设为-45 度
	（if test value edge = number -1；then-do set Ball1.Speed to Ball1.Speed + number 10；set Label1.Text to call make text 速度超过100会结束游戏！\n 当前速度：Ball1.Speed；if test Ball1.Speed >= number 100，then-do set Ball1.Speed to number 0，set Label1.Text to text Game Over!；ifelse test Ball1.X < global Pre_X，then-do set Ball1.Heading to number 135，else-do set Ball1.Heading to number 45）	若 edge = -1，即小球碰撞到屏幕下边界（相当于地面），按游戏规则，速度要加 10，此时需要先判断速度是否大于 100，是则设置小球运动速度为 0，显示游戏结束。然后判断，如果 Ball1.X < Pre.X，则将小球的方向设为 135 度，否则，将小球的方向设为 45 度
	（if test value edge = number 2；then-do set Ball1.Heading to number -135）	若 edge = 2，即小球撞到屏幕右上角，那么设置小球方向为-135
	（if test value edge = number -2；then-do set Ball1.Heading to number 45）	若 edge = -2，即小球撞到屏幕左下角，那么设置小球方向为 45

续表

功能	小球撞到屏幕边界时，需要改变运动轨迹，当撞到地面时需要加速，当速度达到一定阀值时，游戏结束	
	代码模块	作用说明
事件动作中的代码模块	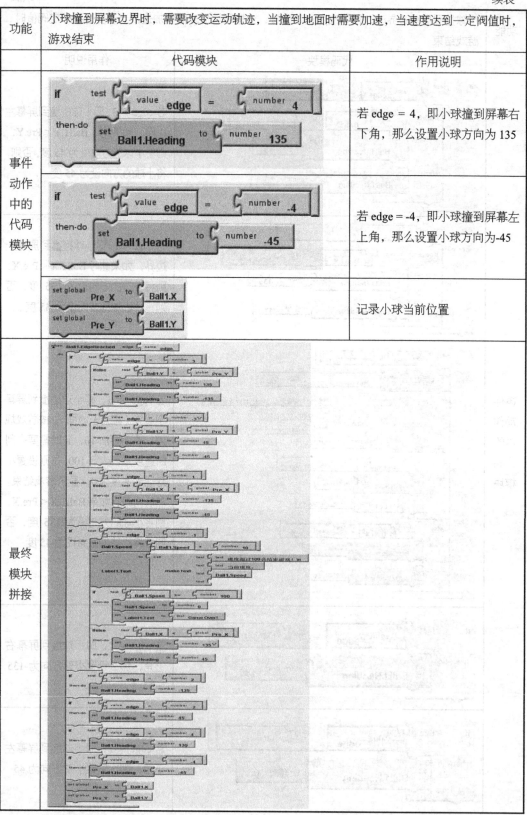	若 edge = 4，即小球撞到屏幕右下角，那么设置小球方向为 135
		若 edge = -4，即小球撞到屏幕左上角，那么设置小球方向为-45
		记录小球当前位置
最终模块拼接		

⑤ 当滑板被撞到，即滑板接住了小球，只需将小球当前位置记录下来即可，如表 3-6-9 所示。

表 3-6-9

功能	滑板被小球撞到，记录小球当前位置	
	代码模块	作用说明
事件	when Slide.CollidedWith other name other do	当两个图片动画元件相撞，即小球撞到滑板时呼叫本事件
事件动作中的代码模块	set global Pre_X to Ball1.X set global Pre_Y to Ball1.Y	记录小球当前位置
最终模块拼接	when Slide.CollidedWith other name other do set global Pre_X to Ball1.X set global Pre_Y to Ball1.Y	

⑥ 当小兔被撞到，即小球撞到了小兔，重新设置小兔位置，改变小兔表情，发出声音，记录小球当前位置，如表 3-6-10 所示。

表 3-6-10

功能	小兔被小球撞到，重设小兔位置，改变小兔表情，发出声音，记录小球当前位置	
	代码模块	作用说明
事件	when Rabbit_Pleasure.CollidedWith other name other1 do	当两个图片动画元件相撞，即小球撞到小兔时呼叫本事件
事件动作中的代码模块	set Rabbit_Pleasure.X to call random integer from number 1 to number 300 set Rabbit_Pleasure.Y to call random integer from number 1 to number 100	设置小兔随机出现的位置
	set Rabbit_Pleasure.Picture to text rabbit_sad.png	更改小兔图片动画的图片资源

续表

功能	小兔被小球撞到，重设小兔位置，改变小兔表情，发出声音，记录小球当前位置	
	代码模块	作用说明
事件动作中的代码模块	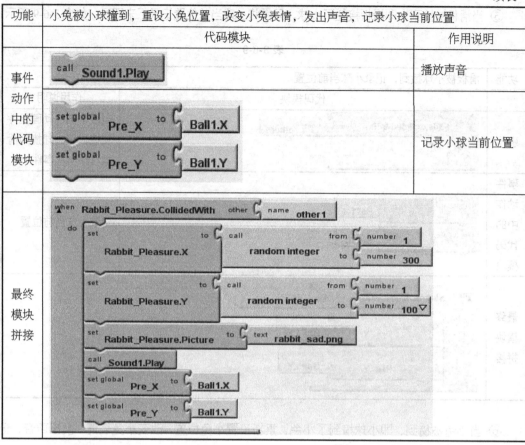	播放声音
		记录小球当前位置
最终模块拼接		

⑦ 每隔3秒，重新设置小兔表情，如表3-6-11所示。

表 3-6-11

功能	每隔3秒，重置小兔表情	
	代码模块	作用说明
事件	when Clock1.Timer do	计时器每隔3秒就会被触发一次，每次触发时呼叫本事件
事件动作中的代码模块	set Rabbit_Pleasure.Picture to text rabbit_pleasure.png	更改小兔图片动画的图片资源
最终模块拼接	when Clock1.Timer do set Rabbit_Pleasure.Picture to text rabbit_pleasure.png	

(5) 项目运行

① 在图块编辑器中单击"New Emulator"新建一个模拟器,初始化完毕,单击"Connect to Device…",选择"emulator-5554",即可在模拟器上运行当前项目。

② 连接实体手机到计算机上,单击"Connect to Device…",选择连接的手机,即可在实体手机上运行当前项目。

(6) 拓展与提高

① 思考添加障碍物,使得小球碰撞到障碍物后速度增加。
② 思考添加重新开始功能。

7. 飞机射击

(1) 项目需求

飞机射击是一款经典的休闲游戏,能够反映玩家的敏捷反应和准确性。

本项目要求开发一个飞机射击程序,用户通过左右倾斜手机来控制飞机在水平方向上左右飞行,单击画布能够发射子弹,发出的子弹会向上行走,如果击中同时在上方向右行走的怪物,则得分累加1。

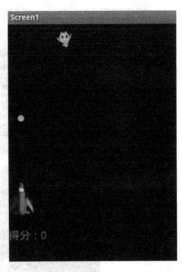

图 3-7-1

运行效果如图 3-7-1 所示。流程图结构如图 3-7-2 所示。

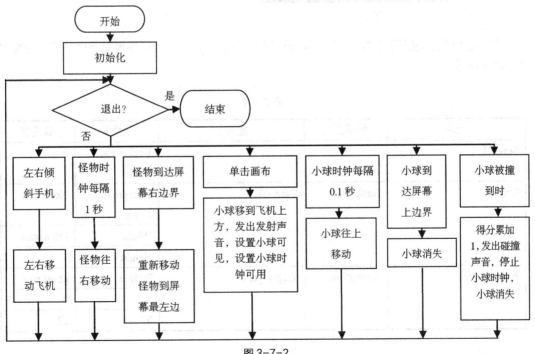

图 3-7-2

（2）项目素材

- 素材路径：光盘/强化实训素材/7。
- 素材资源：plane.png（飞机图片）、ghost.png（怪物图片）、send.wav（发射声音）、fight.wav（碰撞声音）。

（3）项目界面设计

新建项目 PlaneFire。项目设计界面如图 3-7-3 所示。元件结构如图 3-7-4 所示。

图 3-7-3

图 3-7-4

打开设计器，根据图 3-7-3、图 3-7-4 进行项目界面设计。项目所需界面元件及属性设置如表 3-7-1 所示。

表 3-7-1

元件	所属面板	重命名	属性名	属性值
Screen1			Background Color	Black
Canvas	Basic	Canvas1	Background Color	None
			Width	Fill parent
			Height	360
ImageSprite	Animation	TargetSprite	Picture	ghost.png
			X	0
			Y	12

续表

元件	所属面板	重命名	属性名	属性值
ImageSprite	Animation	PlaneSprite	Picture	plane.png
			X	0
			Y	287 【注意：Y 的取值根据画布高度 360 减去飞机图片高度 73 所得】
Ball 【注意：此处的 X、Y 初始值设置多少无所谓，因为在程序代码块中，发射小球前我们会重新设置小球的位置，这里，我们暂且把小球放在飞机正上方】	Animation	Ball1	PaintColor	Orange
			Radius	6
			Visible	取消勾选
			X	18
			Y	270
Label	Basic	LabelVSpace	Text	空
			Height	10
HorizontalArrangement	ScreenArrangement	HorizontalArrangement1	Width	Fill parent
Label	Basic	LabelInfo	FontSize	20
			Text	得分：
			TextColor	Cyan
Label	Basic	LabelScore	FontSize	20
			Text	0
			TextColor	Cyan
Clock	Basic	BallClock	TimerEnabled	取消勾选
			TimerInterval	100
Clock	Basic	TargetClock	TimerInterval	1000
Sound	Media	SendSound	Source	send.wav
Sound	Media	FightSound	Source	fight.wav
AccelerometerSensor	Sensors	AccelerometerSensor1		

（4）项目功能实现

打开图块编辑器，进行项目功能实现。

- 属性、事件、方法清单（每个元件属性、事件、方法具体含义请参考随书光盘或网上电子资源），如表 3-7-2 所示。

表 3-7-2

属性、事件、方法模块	所属面板	作用说明
PlaneSprite.X	My Blocks→PlaneSprite	取得图片动画 PlaneSprite 的 X 坐标
set PlaneSprite.X to	My Blocks→PlaneSprite	设置图片动画 PlaneSprite 的 X 坐标
set LabelScore.Text to	My Blocks→LabelScore	设置标签 LabelScore 的内容
set Ball1.Visible to	My Blocks→Ball1	设置球可见性。true 表示球可见，false 表示球隐藏
Ball1.Y	My Blocks→Ball1	取得球 Ball1 的 Y 坐标
set Ball1.Y to	My Blocks→Ball1	设置球 Ball1 的 Y 坐标
set BallClock.TimerEnabled to	My Blocks→BallClock	设置计时器 BallClock 可用性。true 表示可用，false 表示不可用
when AccelerometerSensor1.AccelerationChanged xAccel yAccel zAccel do	My Blocks→AccelerometerSensor1	当加速度传感器值改变时呼叫本事件
when Canvas1.Touched x y touchedSprite do	My Blocks→Canvas1	触碰（从开始触碰到停止触碰整个过程）画布时呼叫本事件。其中，x 和 y 是触碰点的坐标，touchedSprite 表示是否有一个动画元件被触碰
when TargetClock.Timer do	My Blocks→TargetClock	计时器 TargetClock 每隔一段时间就会被触发一次，每次触发时呼叫本事件
when TargetSprite.EdgeReached edge do	My Blocks→TargetSprite	当图片动画与屏幕边界接触时呼叫本事件。其中，edge 代表球接触的位置，如下所示。 上边界（edge=1） 右上边界（edge=2） 右边界（edge=3） 右下角（edge=4） 下边界（edge=-1） 左下边界（edge=-2） 左边界（edge=-3） 左上角（edge=-4）

属性、事件、方法模块	所属面板	作用说明
when Ball1.EdgeReached edge name edge do	My Blocks→Ball1	当球与屏幕边界接触时呼叫本事件。其中，edge 代表球接触的位置，如下所示。 上边界（edge=1） 右上边界（edge=2） 右边界（edge=3） 右下角（edge=4） 下边界（edge=-1） 左下边界（edge=-2） 左边界（edge=-3） 左上角（edge=-4）
when Ball1.CollidedWith other name other do	My Blocks→Ball1	当两个图片动画元件相撞时呼叫本事件。其中，other 代表在本次碰撞中的另一个元件
call Ball1.MoveTo x y	My Blocks→Ball1	让球移动到指定点坐标
call Sound1.Play	My Blocks→Sound1	播放 Sound1 对应的音频文件

- 指令清单（每个指令具体含义请参考随书光盘或网上电子资源），如表 3-7-3 所示。

表 3-7-3

指令模块	所属面板	作用说明
name name	视用途而定	有 3 种用途。 A. 作为定义方法时的参数存在。此时，需要在 Built-In→Definition 中选择此模块，参数个数没有限制，name 是参数名。 B. 作为内置方法的参数存在。此时，调用内置方法时，若此方法有参数，则会自动带有默认名称的参数。 C. 作为指令使用时的变量存在。比如，在使用 foreach 指令时，可以使用 var 来保存每次访问到的数据。此时，指令会自动带有默认名称的变量。不管哪种情况，都可以通过单击来修改名字

续表

指令模块	所属面板	作用说明
value name	My Blocks→My Definitions	取得自定或内置方法参数的值，或取得指令运行时变量的值。注意，若在定义参数时有修改过名字，那么这里会同步更新
number 123	Built-In→Math	数字常量，值为123。可以通过单击值来修改
>	Built-In→Math	比较两个指定数字。如果前者大于后者返回true，否则返回false
<	Built-In→Math	比较两个指定数字。如果前者小于后者返回true，否则返回false
+	Built-In→Math	对两个操作数进行求和。可以单击+号选择其他可操作的运算符
−	Built-In→Math	对两个操作数进行求差。可以单击−号选择其他可操作的运算符
true	Built-In→Logic	布尔类型常数的真。用来设置元件的布尔属性值，或用来表示某种状况的变量值
false	Built-In→Logic	布尔类型常数的假。用来设置元件的布尔属性值，或用来表示某种状况的变量值
if test then-do	Built-In→Control	条件语句，测试指定条件test，若为true则执行then-do中的指令，反之则跳过此代码块

- 功能实现。

① 左右倾斜手机，控制飞机在水平方向上左右移动，如表3-7-4所示。

关于AccelerometerSensor1.AccelerationChanged方法3个参数xAccel、yAccel、zAccel含义有一些说明（以下方位均以手机镜面朝天为前提，此时的xAccel、yAccel、zAccel均为0，我们以俯视的角度往下看平躺的手机）。

A. xAccel：手机越向左倾斜，xAccel值越大，为正数；否则手机越向右倾斜，xAccel值越小，为负数。

B. yAccel：手机顶部越向上，yAccel值越大，为正数；否则手机底部越向上，yAccel值越小，为负数。

C. zAccel：手机屏幕越朝上，zAccel值越大，为正数；否则手机屏幕越朝下，zAccel值越小，为负数。

表 3-7-4

功能	左右倾斜手机，飞机在水平方向上左右移动	
	代码模块	作用说明
事件		当加速度传感器 AccelerometerSensor1 值改变时呼叫本事件
事件动作中的代码模块		如果 xAccel 大于 0，表示手机向左倾斜，此时飞机图片动画 PlaneSprite 的 x 坐标减少，使得飞机向左移动
		如果 xAccel 小于 0，表示手机向右倾斜，此时飞机图片动画 PlaneSprite 的 x 坐标增加，使得飞机向右移动
最终模块拼接	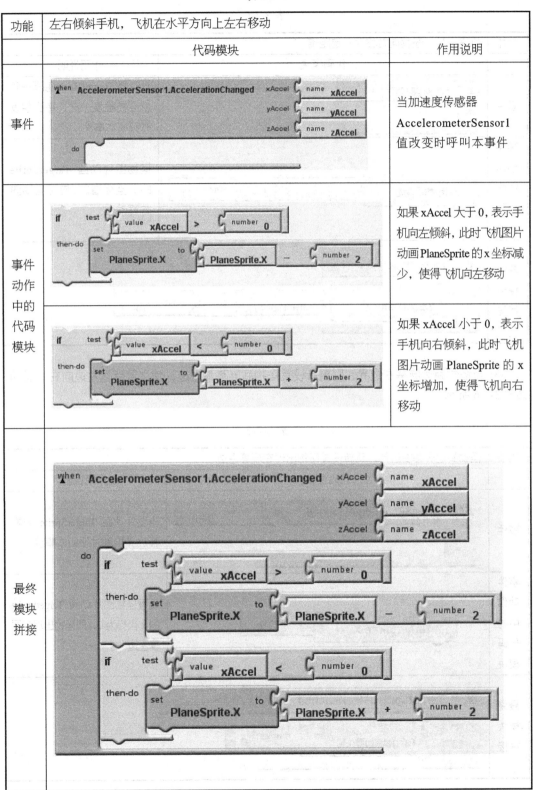	

② 怪物时钟每隔一秒，怪物向右移动 10 个像素的距离，如表 3-7-5 所示。

表 3-7-5

功能	每隔一秒，怪物向右移动一定距离	
	代码模块	作用说明
事件	when TargetClock.Timer do	计时器 TargetClock 每隔一秒就会被触发一次，每次触发时呼叫本事件
事件动作中的代码模块	set TargetSprite.X to TargetSprite.X + number 10	怪物图片动画 TargetSprite 的 x 坐标增加,使得怪物向右移动
最终模块拼接	when TargetClock.Timer do set TargetSprite.X to TargetSprite.X + number 10	

③ 当怪物到达屏幕右边界，则重新设置怪物到屏幕最左边，使之重新从左边向右边运动，如表 3-7-6 所示。

表 3-7-6

功能	怪物到达屏幕右边界，重新设置怪物出现在屏幕左边	
	代码模块	作用说明
事件	when TargetSprite.EdgeReached edge name edge do	当图片动画 TargetSprite 与屏幕边界接触时呼叫本事件
事件动作中的代码模块	set TargetSprite.X to number 0	设置怪物图片动画 TargetSprite 的 x 坐标为 0，即怪物出现在屏幕左边
最终模块拼接	when TargetSprite.EdgeReached edge name edge do set TargetSprite.X to number 0	

④ 单击画布，飞机发射子弹（此处用小球作模拟），因此需要先将小球移动到飞机发射口处（我们约定为飞机的正上方），然后播放发射声音，设置小球可见，并触发小球时钟，如表 3-7-7 所示。

说明，由于小球需要在飞机正上方出现，因此代码模块中的小球的 x 和 y 坐标是这样得出的：

小球的 X 坐标=飞机的 X 坐标+48/2（飞机图片宽度的一半）-6（小球半径）
即小球的 X 坐标=飞机的 X 坐标+18
而小球的 Y 坐标=飞机的 Y 坐标-6（小球半径）

但如果直接把小球设置在刚好飞机之上，那么就会刚好与飞机发生碰撞，根据前面的流程图可知，小球发生碰撞后会消失，这时就不可能看到小球向上运动的效果，我们把此值适当进行调整，使之在一开始发射时，稍微离飞机远一点，保证不在开始就碰撞，我们这里取值 17。因此，小球的 Y 坐标=飞机的 Y 坐标-17。

表 3-7-7

功能	单击画布，飞机发射子弹	
	代码模块	作用说明
事件	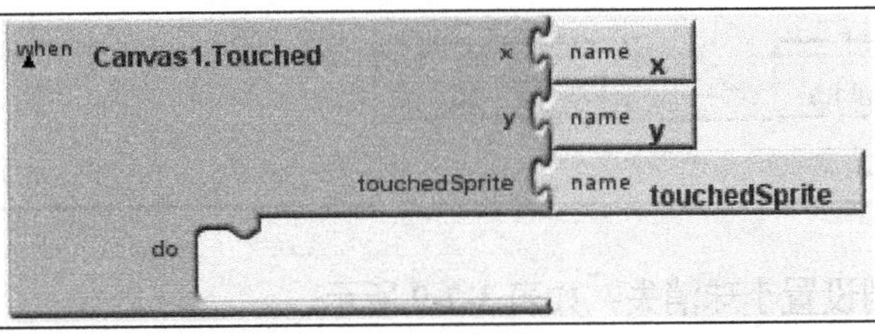 when Canvas1.Touched / x name x / y name y / touchedSprite name touchedSprite / do	触碰画布 Canvas1 时呼叫本事件
事件动作中的代码模块	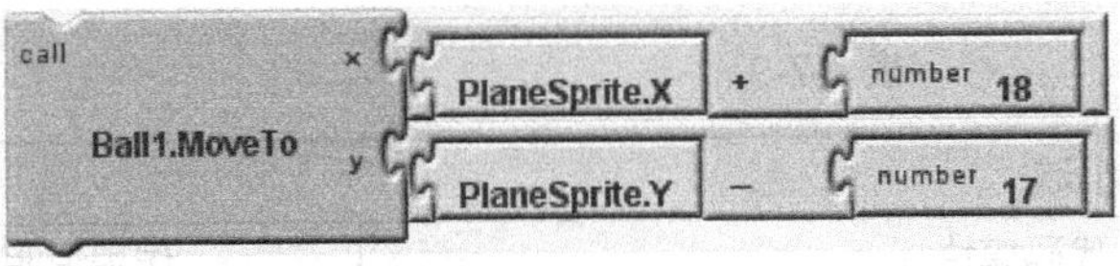 call Ball1.MoveTo x PlaneSprite.X + number 18 / y PlaneSprite.Y - number 17	让小球 Ball1，即子弹移动到指定点坐标
	 call SendSound.Play	播放发射声音
	 set Ball1.Visible to true	显示小球
	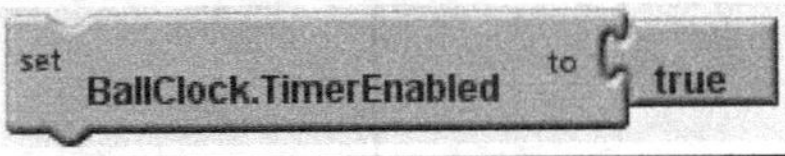 set BallClock.TimerEnabled to true	触发计时器 BallClock 控制小球运动
最终模块拼接	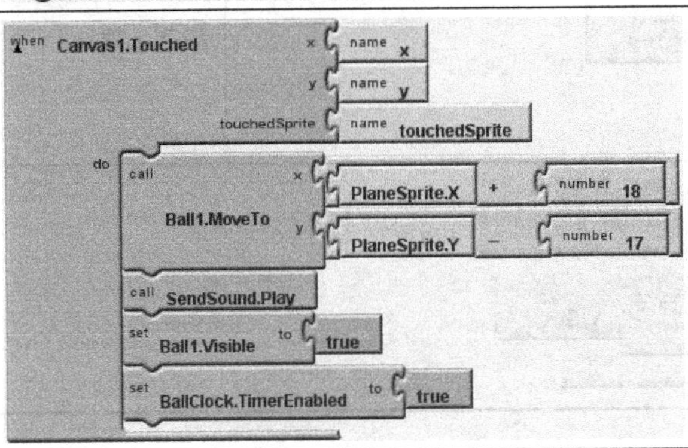 when Canvas1.Touched x name x / y name y / touchedSprite name touchedSprite / do call Ball1.MoveTo x PlaneSprite.X + number 18 / y PlaneSprite.Y - number 17 / call SendSound.Play / set Ball1.Visible to true / set BallClock.TimerEnabled to true	

⑤ 小球时钟每隔 0.1 秒，小球向上移动 15 个像素的距离，如表 3-7-8 所示。

表 3-7-8

功能	每隔 0.1 秒，小球向上移动一定距离	
	代码模块	作用说明
事件	 when BallClock.Timer do	计时器 BallClock 每隔 0.1 秒就会被触发一次，每次触发时呼叫本事件
事件动作中的代码模块	 set Ball1.Y to Ball1.Y - number 15	设置小球 Ball1 的 y 坐标减少，使其向上移动
最终模块拼接	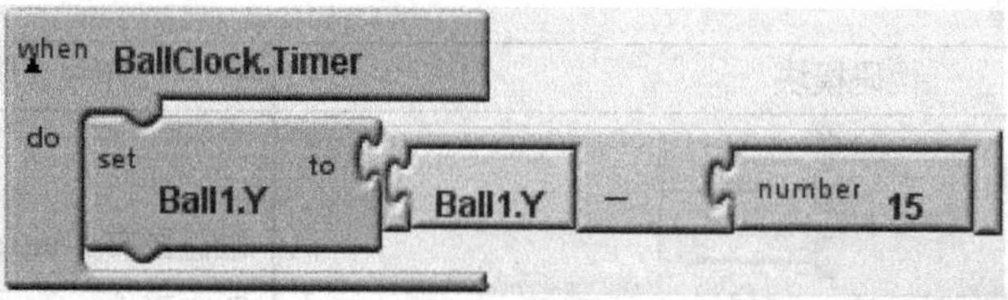 when BallClock.Timer do set Ball1.Y to Ball1.Y - number 15	

⑥ 当小球到达屏幕上边界，则设置小球消失，如表 3-7-9 所示。

表 3-7-9

功能	小球到达屏幕上边界，隐藏小球	
	代码模块	作用说明
事件	 when Ball1.EdgeReached edge name edge1 do	当小球 Ball1 与屏幕边界接触时呼叫本事件
事件动作中的代码模块	 set Ball1.Visible to false	隐藏小球
最终模块拼接	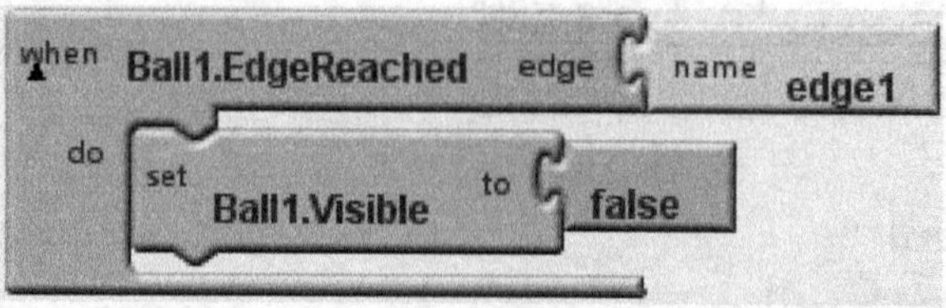 when Ball1.EdgeReached edge name edge1 do set Ball1.Visible to false	

⑦ 当小球碰撞到怪物，得分累加1分，发出碰撞声音，停止触发小球计时器，小球消失，如表 3-7-10 所示。

表 3-7-10

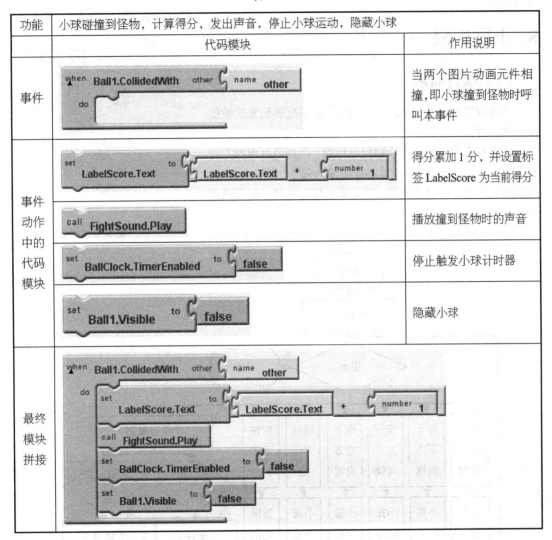

（5）项目运行

① 在图块编辑器中单击"New Emulator"新建一个模拟器，初始化完毕，单击"Connect to Device…"，选择"emulator-5554"，即可在模拟器上运行当前项目。

② 连接实体手机到计算机上，单击"Connect to Device…"，选择连接的手机，即可在实体手机上运行当前项目。

注意：因为使用到加速度传感器来控制飞机，所以，只有连接到实体手机时才能运行所需效果。

（6）拓展与提高

思考如何实现添加背景图，并使背景图移动来实现飞机飞行效果。

8. 小猫捉鼠

（1）项目需求

小猫捉鼠是一款经典的休闲游戏，能够反映玩家的敏捷反应和速度。

本项目要求开发一个小猫捉鼠程序，用户通过虚拟方向键来控制小猫的运动方向，当小猫碰撞到箱子，则停止运动，需要改变方向才能继续前行，当小猫碰撞到老鼠，则捉鼠成功，老鼠消失。

运行效果如图 3-8-1 所示。流程图结构如图 3-8-2 所示。

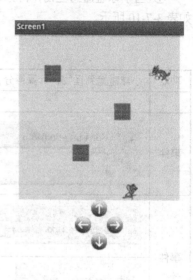

图 3-8-1

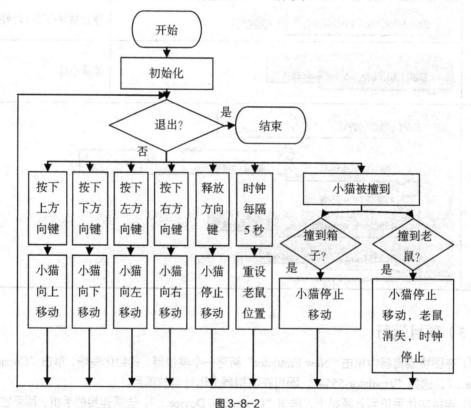

图 3-8-2

（2）项目素材

- 素材路径：光盘/强化实训素材/8。
- 素材资源：cat.png（猫图片）、mouse.png（老鼠图片）、wall.jpg（墙图片）、up.png（上方向键）、down.png（下方向键）、left.png（左方向键）、right.png（右方向键）。

（3）项目界面设计

新建项目 Cat_Mouse。项目设计界面如图 3-8-3 所示。元件结构如图 3-8-4 所示。

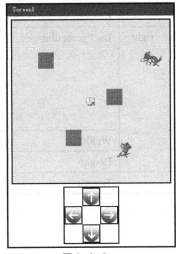

图 3-8-3　　　　　　　　　　　　图 3-8-4

打开设计器，根据图 3-8-3、图 3-8-4 进行项目界面设计。项目所需界面元件及属性设置如表 3-8-1 所示。

注意：以下关于箱子的坐标可以任设，只要在画布范围（300 像素×300 像素）内即可，老鼠和猫的坐标也可以任设，只要在画布范围内并不与箱子碰撞即可。

表 3-8-1

元件	所属面板	重命名	属性名	属性值
Screen1			AlignHorizontal	Center
Canvas	Basic	Canvas1	BackgroundColor	Yellow
			Width	300
			Height	300
ImageSprite（3 个）	Animation	分别为 Box1、Box2、Box3	Picture	wall.jpg
			Box1：X 设为 48　Y 设为 57	
			Box2：X 设为 178　Y 设为 125	
			Box3：X 设为 100　Y 设为 200	
ImageSprite	Animation	Mouse	Picture	mouse.png
			X	196
			Y	224
ImageSprite	Animation	Cat	Picture	cat.png
			Rotates	取消勾选
			X	243
			Y	56

续表

元件	所属面板	重命名	属性名	属性值
TableArrangement	Screen Arrangement	TableArrangement1	Columns	3
			Rows	3
Canvas（4个）	Basic	分别为 up、left、right、down	BackgroundImage	分别为 up.png、left.png、right.png、down.png
			Width	30
			Height	30
Clock	Basic	Clock1	TimerInterval	5000

（4）项目功能实现

打开图块编辑器，进行项目功能实现。

- 属性、事件、方法清单（每个元件属性、事件、方法具体含义请参考随书光盘或网上电子资源），如表3-8-2所示。

表 3-8-2

属性、事件、方法模块	所属面板	作用说明
component Box1	My Blocks→Box1	图片动画元件 Hole1 的对象引用
set Cat.Heading to	My Blocks→Cat	设置图片动画 Cat 的旋转方向，单位为度。水平向右为 0 度，垂直向上为 90 度，水平向左为 180 度，垂直向下为 270 度
set Cat.Speed to	My Blocks→Cat	设置图片动画 Cat 每单位时间的移动距离，单位为像素
set Mouse.Visible to	My Blocks→Mouse	设置图片动画 Mouse 可见性。true 表示可见，false 表示隐藏
set Clock1.TimerEnabled to	My Blocks→Clock1	设置时钟 BallClock 可用性。true 表示可用，false 表示不可用
when up.TouchDown x name y name do	My Blocks→up	开始触碰图片动画 up 时呼叫本事件。其中，x 和 y 是触碰点的坐标

续表

属性、事件、方法模块	所属面板	作用说明
when up.TouchUp x name x4 y name y4 do	My Blocks→up	停止触碰图片动画 up 时呼叫本事件。其中，x 和 y 是触碰点的坐标
when Cat.CollidedWith other name other do	My Blocks→Cat	当两个图片动画元件相撞时呼叫本事件。其中，other 代表在本次碰撞中的另一个元件
when Clock1.Timer do	My Blocks→Clock1	计时器 Clock1 每隔一段时间就会被触发一次，每次触发时呼叫本事件
call Mouse.MoveTo x y	My Blocks→Mouse	让图片动画 Mouse 移动到指定点坐标

- 指令清单（每个指令具体含义请参考随书光盘或网上电子资源），如表 3-8-3 所示。

表 3-8-3

指令模块	所属面板	作用说明
def variable as	Built-In→Definition	定义变量。variable 是变量名，可以通过单击名字进行修改。as 后面可拼接的内容包括字符串、数字、清单、逻辑值等
global variable	My Blocks→My Definitions	取得全局变量 variable 的值。注意，variable 的名字若在定义变量时有修改过，那么这里会同步更新
name name	视用途而定	有 3 种用途。 A. 作为定义方法时的参数存在。此时，需要在 Built-In→Definition 中选择此模块，参数个数没有限制，name 是参数名。 B. 作为内置方法的参数存在。此时，调用内置方法时，若此方法有参数，则会自动带有默认名称的参数。 C. 作为指令使用时的变量存在。比如，在使用 foreach 指令时，可以使用 var 来保存每次访问到的数据。此时，指令会自动带有默认名称的变量。不管哪种情况，都可以通过单击来修改名字

续表

指令模块	所属面板	作用说明
value name	My Blocks→My Definitions	取得自定或内置方法参数的值,或取得指令运行时变量的值。注意,若在定义参数时有修改过名字,那么这里会同步更新
number 123	Built-In→Math	数字常量,默认值为 123。可以通过单击值来修改
=	Built-In→Math	比较两个指定数字。如果相等返回 true,否则返回 false
call random integer from to	Built-In→Math	返回一个介于数字 from 到数字 to 之间的随机整数,包含下限(from)和上限(to)。参数由小到大或由大到小不会影响计算结果
false	Built-In→Logic	布尔类型常数的假。用来设置元件的布尔属性值,或用来表示某种状况的变量值
or test	Built-In→Logic	测试所有条件中是否至少有一个条件为真。当插入第一个条件 test 时会自动增加第二个条件插槽。由上到下顺序测试,若测试过程中任一条件为真则停止测试,并返回 true。若所有条件都为假,则返回 false。若无任何条件也返回 false
if test then-do	Built-In→Control	条件语句,测试指定条件 test,若为 true 则执行 then-do 中的指令,反之则跳过此代码块

- 功能实现。

① 定义全局变量,如表 3-8-4 所示。

表 3-8-4

功能	定义全局变量	
	代码模块	作用说明
定义变量	def speeding as number 5	保存小猫移动的速度

② 按下上方向键,小猫向上移动。

注意: down、left、right 与 up 的处理类似,因此直接给出 down、left、right 的代码模块,如表 3-8-5 所示。

表 3-8-5

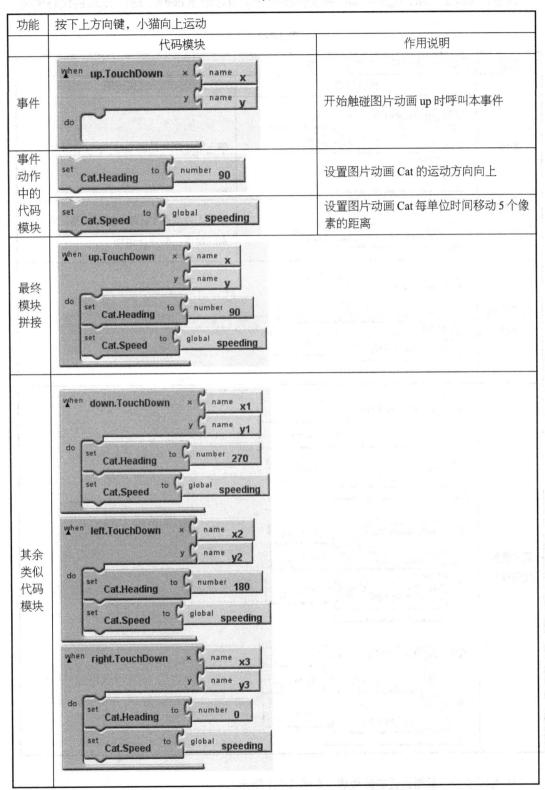

③ 释放向上方向键，小猫停止移动，如表 3-8-6 所示。

注意：down、left、right 与 up 的处理类似，因此直接给出 down、left、right 的代码模块。

表 3-8-6

功能	释放向上方向键，小猫停止运动	
	代码模块	作用说明
事件	when up.TouchUp name x4 y name y4 do	停止触碰图片动画 up 时呼叫本事件
事件动作中的代码模块	set Cat.Speed to number 0	设置图片动画 Cat 每单位时间移动 0 个像素的距离，即停止运动
最终模块拼接	when up.TouchUp name x4 y name y4 do set Cat.Speed to number 0	
其余类似代码模块	when down.TouchUp name x5 y name y5 do set Cat.Speed to number 0 when left.TouchUp name x6 y name y6 do set Cat.Speed to number 0 when right.TouchUp name x7 y name y7 do set Cat.Speed to number 0	

④ 每隔 5 秒，重新设置老鼠位置，如表 3-8-7 所示。

表 3-8-7

功能	每隔 5 秒，重新设置老鼠位置	
	代码模块	作用说明
事件	when Clock1.Timer do	计时器 Clock1 每隔 5 秒就会被触发一次，每次触发时呼叫本事件
事件动作中的代码模块	call Mouse.MoveTo x call random integer from number 0 to number 300 y call random integer from number 0 to number 300	图片动画 Mouse 移到随机产生的位置上
最终模块拼接	when Clock1.Timer do call Mouse.MoveTo x call random integer from number 0 to number 300 y call random integer from number 0 to number 300	

⑤ 若小猫撞到箱子，小猫停止移动，若小猫撞到老鼠，小猫也需要停止移动，同时，老鼠消失，停止触发计时器以停止改变老鼠位置，如表 3-8-8 所示。

表 3-8-8

功能	小猫撞到箱子，停止移动；小猫撞到老鼠，停止移动，老鼠隐藏，停止触发计时器	
	代码模块	作用说明
事件	when Cat.CollidedWith other name other do	当两个图片动画元件相撞时呼叫本事件
事件动作中的代码模块	if test test value other = component Box1 or test value other = component Box2 test value other = component Box3 then-do set Cat.Speed to number 0	如果撞到的是箱子,则小猫停止移动

续表

功能	小猫撞到箱子，停止移动；小猫撞到老鼠，停止移动，老鼠隐藏，停止触发计时器	
	代码模块	作用说明
事件动作中的代码模块	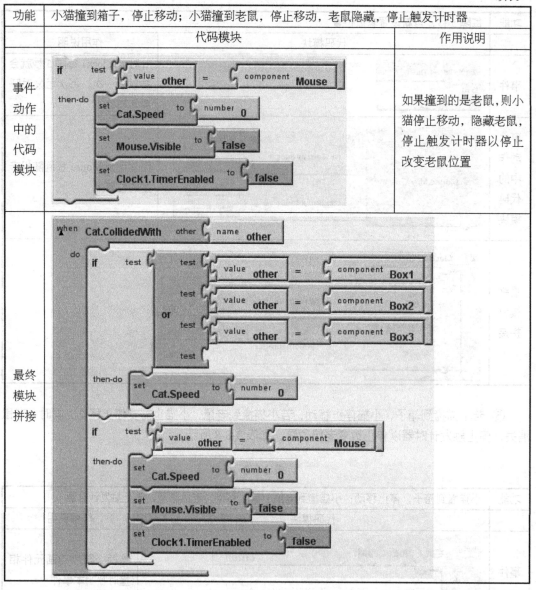	如果撞到的是老鼠，则小猫停止移动，隐藏老鼠，停止触发计时器以停止改变老鼠位置
最终模块拼接		

（5）项目运行

① 在图块编辑器中单击"New Emulator"新建一个模拟器，初始化完毕，单击"Connect to Device…"，选择"emulator-5554"，即可在模拟器上运行当前项目。

② 连接实体手机到计算机上，单击"Connect to Device…"，选择连接的手机，即可在实体手机上运行当前项目。

（6）拓展与提高

思考如果实现让玩家自由选择是否再来一次游戏。

9. 九宫格拼图

（1）项目需求

九宫格拼图是一款益智类游戏，它将一幅完整的图片等分成 3 行 3 列，这 3 行 3 列就形成了 9 个大小相同的格子，每个格子显示完整图片的 1/9，9 个格子就形成一副完整的图片。一般来说，我们会将最右下角的格子内容腾空出来，作为移动其他格子内容的空间，其余 8 个格子则按乱序出现，玩家利用这个空格子来移动其余 8 个格子来恢复完整的图片。

本项目要求开发一个九宫格拼图程序，玩家通过利用空白区域移动被单击的相邻的拼图图块，最终拼凑出完整的图片。

运行效果如图 3-9-1、图 3-9-2 所示。流程图结构如图 3-9-3 所示。

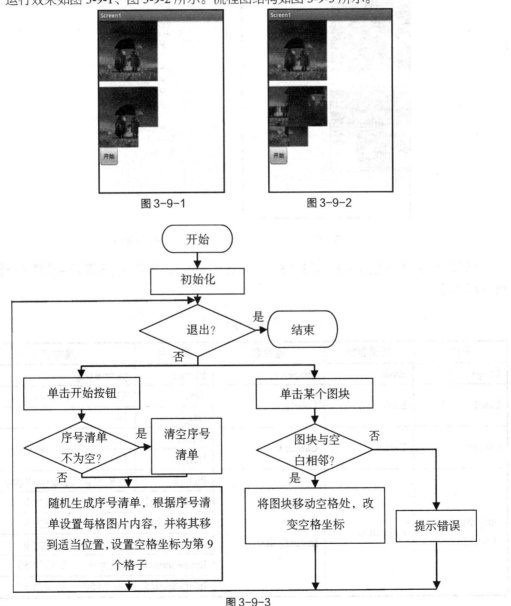

图 3-9-1　　　　图 3-9-2

图 3-9-3

(2) 项目素材

- 素材路径：光盘/强化实训素材/9。
- 素材资源：picture.png（全图）、pic1.png（图块 1）、pic2.png（图块 2）、pic3.png（图块 3）、pic4.png（图块 4）、pic5.png（图块 5）、pic6.png（图块 6）、pic7.png（图块 7）、pic8.png（图块 8）。

(3) 项目界面设计

新建项目 Puzzle。项目设计界面如图 3-9-4 所示。元件结构如图 3-9-5 所示。

图 3-9-4　　　　　　　　　　图 3-9-5

打开设计器，根据图 3-9-4、图 3-9-5 进行项目界面设计。项目所需界面元件及属性设置如表 3-9-1 所示。

表 3-9-1

元件	所属面板	重命名	属性名	属性值
Image	Basic	Image1	Picture	picture.png
Label	Basic	Label1	Text	空
			Height	14
Canvas	Basic	Canvas1	Width	150
			Height	150
ImageSprite（8个）	Animation	分别为 ImageSprite1~8	Picture	分别为 pic1.png~pic8.png
			ImageSprite1：X 设为 0　Y 设为 0	
			ImageSprite2：X 设为 50　Y 设为 0	
			ImageSprite3：X 设为 100　Y 设为 0	
			ImageSprite4：X 设为 0　Y 设为 50	
			ImageSprite5：X 设为 50　Y 设为 50	

续表

元件	所属面板	重命名	属性名	属性值
ImageSprite（8个）	Animation	分别为 ImageSprite1~8	ImageSprite6：X 设为 100　Y 设为 50	
			ImageSprite7：X 设为 0　　Y 设为 100	
			ImageSprite8：X 设为 50　Y 设为 100	
			Width	50
			Height	50
Button	Basic	Button1	Text	开始
Notifier	Other stuff	Notifier1		

（4）项目功能实现

打开图块编辑器，进行项目功能实现。

- 属性、事件、方法清单（每个元件属性、事件、方法具体含义请参考随书光盘或网上电子资源），如表 3-9-2 所示。

表 3-9-2

属性、事件、方法模块	所属面板	作用说明
set ImageSprite1.Picture to	My Blocks→ImageSprite1	设置图片动画 ImageSprite1 的图片资源
when Button1.Click do	My Blocks→Cat	单击按钮 Button1 时呼叫本事件
when ImageSprite1.Touched x name sx1 y name sy1 do	My Blocks→Cat	触碰（从开始触碰到停止触碰整个过程）图片动画时呼叫本事件。其中，sx1 和 sy1 是触碰点的坐标
call ImageSprite1.MoveTo x y	My Blocks→Mouse	让图片动画 ImageSprite1 移动到指定点坐标
call Notifier1.ShowAlert notice	My Blocks→Clock1	弹出临时通知，几秒钟后自动消失。其中，notice 为通知的内容

- 指令清单（每个指令具体含义请参考随书光盘或网上电子资源），如表 3-9-3 所示。

表 3-9-3

指令模块	所属面板	作用说明
def variable as	Built-In→Definition	定义变量。variable 是变量名，可以通过单击名字进行修改。as 后面可拼接的内容包括字符串、数字、清单、逻辑值等
global variable	My Blocks→My Definitions	取得全局变量 variable 的值。注意，variable 的名字若在定义变量时有修改过，那么这里会同步更新
set global variable to	My Blocks→My Definitions	设置全局变量 variable 的值。注意，variable 的名字若在定义变量时有修改过，那么这里会同步更新
name name	视用途而定	有 3 种用途。 A. 作为定义方法时的参数存在。此时，需要在 Built-In→Definition 中选择此模块，参数个数没有限制，name 是参数名。 B. 作为内置方法的参数存在。此时，调用内置方法时，若此方法有参数，则会自动带有默认名称的参数。 C. 作为指令使用时的变量存在。比如，在使用 foreach 指令时，可以使用 var 来保存每次访问到的数据。此时，指令会自动带有默认名称的变量。 不管哪种情况，都可以通过单击来修改名字
value name	My Blocks→My Definitions	取得自定或内置方法参数的值,或取得指令运行时变量的值。注意，若在定义参数时有修改过名字，那么这里会同步更新
to procedure arg do	Built-In→Definition	方法的定义。procedure 是方法名，可以通过单击名字进行修改。作用是将多个指令集合在一起，以后调用该方法时，被集合在其中的指令会按顺序依次执行
call procedure	My Blocks→My Definitions	方法的调用。注意，procedure 的名字若在定义方法时有修改过，那么这里会同步更新
text text	Built-In→Text	字符串常量，默认值为 text。可以通过单击值来修改
call make text text	Built-In→Text	将所有指定的字符串或数值连接成一个新的字符串
call make a list item	Built-In→Lists	新建一个清单，并自行指定清单元素。若未指定任何元素，则此为一个空清单
call select list item list index	Built-In→Lists	取得清单 list 指定位置 index 的元素内容，清单中第一个元素的位置为 1

续表

指令模块	所属面板	作用说明
call remove list item list index	Built-In→Lists	从清单 list 中删除指定位置 index 的元素内容
call length of list list	Built-In→Lists	返回指定清单 list 的长度，即清单元素数目
call add items to list list item	Built-In→Lists	将指定内容 item 添加到清单 list 后面
call is in list? thing list	Built-In→Lists	若指定内容 thing 存在于清单 list 中返回 true，否则返回 false
number 123	Built-In→Math	数字常量，默认值为 123。可以通过单击值来修改
=	Built-In→Math	比较两个指定数字。如果相等返回 true，否则返回 false
+	Built-In→Math	对两个操作数进行求和。可以单击 + 号选择其他可操作的运算符
−	Built-In→Math	对两个操作数进行求差。可以单击 − 号选择其他可操作的运算符
call random integer from to	Built-In→Math	返回一个介于数字 from 到数字 to 之间的随机整数，包含下限（from）和上限（to）。参数由小到大或由大到小不会影响计算结果
call sqrt	Built-In→Math	返回指定数字的平方根
call expt base exponent	Built-In→Math	返回指数的运算结果。其中，base 为底数，exponent 为指数，表示 base 的 exponent 次方
not	Built-In→Logic	逻辑运算的非。not true 的结果是 false，not false 的结果是 true
if test then-do	Built-In→Control	条件语句，测试指定条件 test，若为 true 则执行 then-do 中的指令，反之则跳过此代码块
ifelse test then-do else-do	Built-In→Control	条件语句，测试指定条件 test，若为 true 则执行 then-do 中的指令，反之则执行 else-do 中的指令

续表

指令模块	所属面板	作用说明
for range variable / start / end / step / do	Built-In→Control	循环变量为 variable，do 执行的次数取决于 start、end 和 step，即指定范围的整数个数决定 do 的执行次数。start 为范围的下边界，end 为范围的上边界，step 为每次循环累加的步数。执行过程如下。 （1）让循环变量 variable 设置为 start。 （2）判断 variable 是否小于 end，执行（3）或（4）其中一个。 （3）true 的话则执行 do 中的指令，接着对循环变量 variable 累加 step，再执行（2）。 （4）false 的话，循环结束
while test / do	Built-In→Control	测试指定条件 test。若为 true 则重复执行 do 中指令，反之结束循环

- 功能实现。

① 定义全局变量，如表 3-9-4 所示。

表 3-9-4

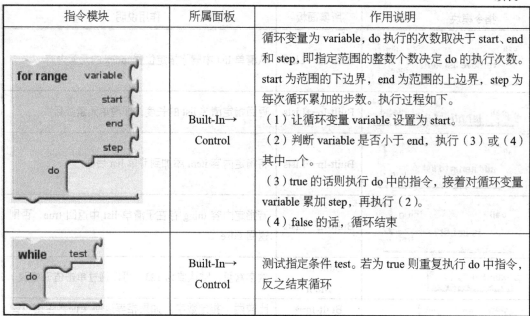

功能	定义全局变量	
	代码模块	作用说明
定义变量	def Temp as number 1	保存生成的随机数（1~8）
	def SpaceX as number 100	保存空格 X 坐标
	def SpaceY as number 100	保存空格 Y 坐标
	def PuzzleList as call make a list item	将随机生成的 8 个不重复序号保存为一个清单
	def Text as text text	找到对应的图片资源
	def Distances as number 0	计算两点间的距离
	def VarX as number 0	保存被单击图块格子的 X 坐标
	def VarY as number 0	保存被单击图块格子的 Y 坐标

② 根据随机生成的序号清单（如：24178365），我们需要将每项对应的编号构成一个完整的图片名称来初始化 8 张图片资源，因此，我们定义一个名为 MakeText 的方法来实现将 pic、编号和.png 连接组成完整的图片名称，如表 3-9-5 所示。

表 3-9-5

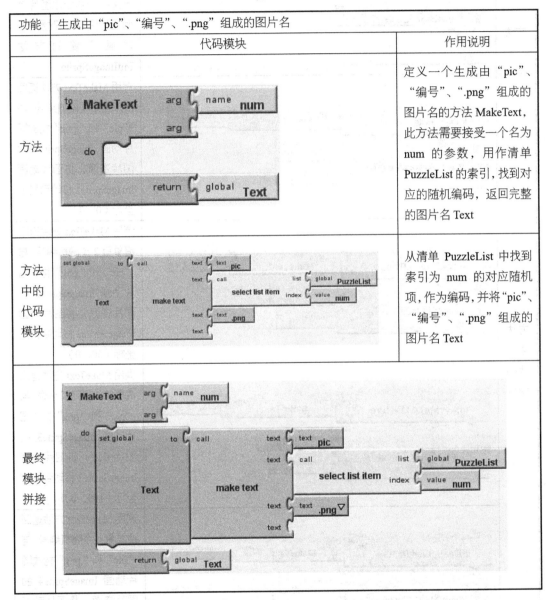

③ 有了图片名称，就可以根据图片名称来初始化与序号清单每项内容对应的 ImageSprite1~ImageSprite8。例如生成的序号清单为 24178365，那么 ImageSprite1 对应的图片是 pic2.png，ImageSprite2 对应的图片是 pic4.png，ImageSprite3 对应的图片是 pic1.png，以此类推。我们定义一个名为 InitImageSprite 的方法来完成加载图片资源，同时设置 8 张图片的坐标值，如表 3-9-6 所示。

注意：此处的 InitImageSprite 方法需要调用上述的 MakeText 方法来找到对应的图片编号。

表 3-9-6

功能	初始化图片动画，使其显示随机显示 8 张图片，设置图片动画位置	
	代码模块	作用说明
方法	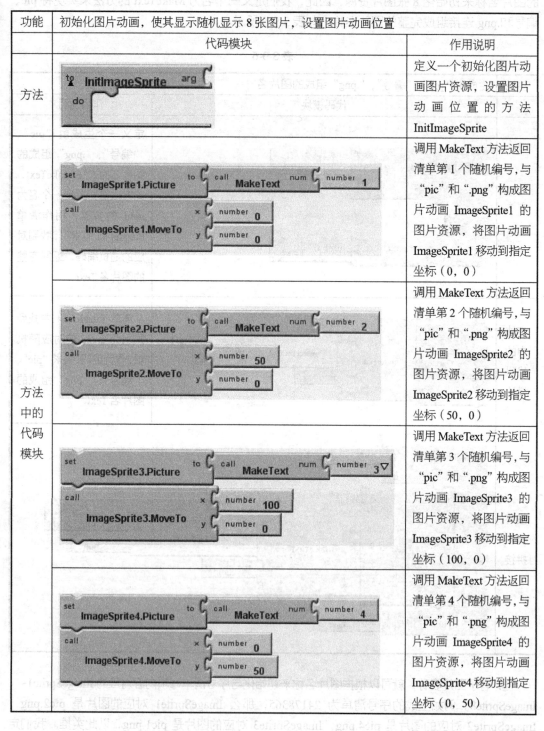	定义一个初始化图片动画图片资源，设置图片动画位置的方法 InitImageSprite
方法中的代码模块		调用 MakeText 方法返回清单第 1 个随机编号，与 "pic" 和 ".png" 构成图片动画 ImageSprite1 的图片资源，将图片动画 ImageSprite1 移动到指定坐标（0，0）
		调用 MakeText 方法返回清单第 2 个随机编号，与 "pic" 和 ".png" 构成图片动画 ImageSprite2 的图片资源，将图片动画 ImageSprite2 移动到指定坐标（50，0）
		调用 MakeText 方法返回清单第 3 个随机编号，与 "pic" 和 ".png" 构成图片动画 ImageSprite3 的图片资源，将图片动画 ImageSprite3 移动到指定坐标（100，0）
		调用 MakeText 方法返回清单第 4 个随机编号，与 "pic" 和 ".png" 构成图片动画 ImageSprite4 的图片资源，将图片动画 ImageSprite4 移动到指定坐标（0，50）

续表

功能	初始化图片动画，使其显示随机显示 8 张图片，设置图片动画位置	
	代码模块	作用说明
方法中的代码模块	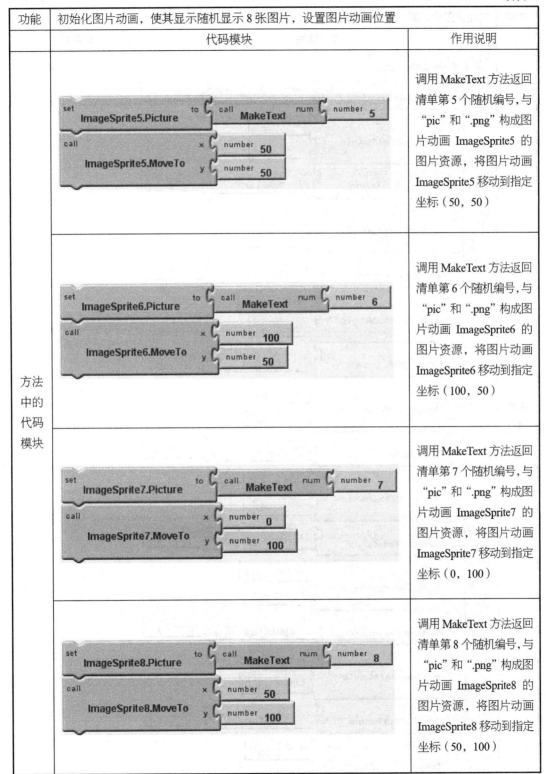	调用 MakeText 方法返回清单第 5 个随机编号，与"pic"和".png"构成图片动画 ImageSprite5 的图片资源，将图片动画 ImageSprite5 移动到指定坐标（50，50）
		调用 MakeText 方法返回清单第 6 个随机编号，与"pic"和".png"构成图片动画 ImageSprite6 的图片资源，将图片动画 ImageSprite6 移动到指定坐标（100，50）
		调用 MakeText 方法返回清单第 7 个随机编号，与"pic"和".png"构成图片动画 ImageSprite7 的图片资源，将图片动画 ImageSprite7 移动到指定坐标（0，100）
		调用 MakeText 方法返回清单第 8 个随机编号，与"pic"和".png"构成图片动画 ImageSprite8 的图片资源，将图片动画 ImageSprite8 移动到指定坐标（50，100）

续表

功能	初始化图片动画，使其显示随机显示 8 张图片，设置图片动画位置	
	代码模块	作用说明
最终模块拼接	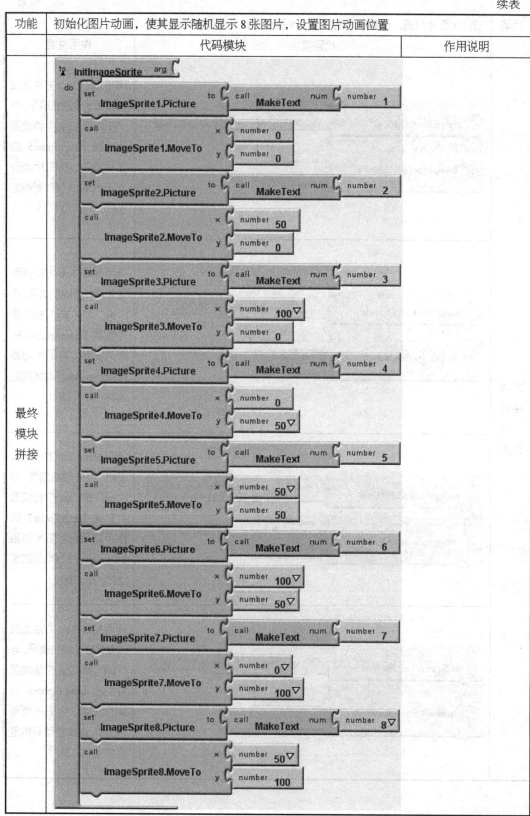	

④ 单击"开始"按钮，先判断序号清单是否为空，若不是空，则先对序号清单执行清空操作。随机生成序号清单，清单中的每一项是1~8中任意一个数字，每项相互不重复，即1~8的排列。然后，调用 InitImageSprite 方法根据随机生成的序号清单，用清单每项内容构成 ImageSprite1~ImageSprite8 的图片资源并重新设置图片位置。最后，根据我们的约定，最后一格是空格，我们将空格的坐标设定在（100,100），如表 3-9-7 所示。

表 3-9-7

功能	单击"开始"按钮，随机显示前 8 个格子的图片（相当于打乱图片显示顺序），设置最后一个为空格，以便进行相邻拼图图块间的移动空间	
	代码模块	作用说明
事件	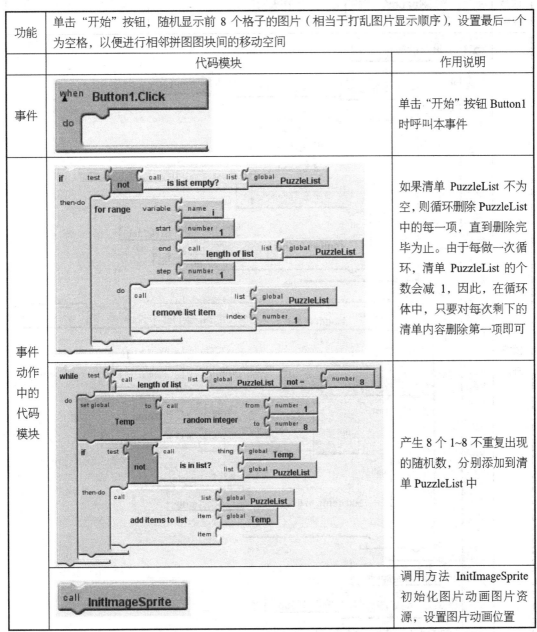	单击"开始"按钮 Button1 时呼叫本事件
事件动作中的代码模块		如果清单 PuzzleList 不为空，则循环删除 PuzzleList 中的每一项，直到删除完毕为止。由于每做一次循环，清单 PuzzleList 的个数会减 1，因此，在循环体中，只要对每次剩下的清单内容删除第一项即可
		产生 8 个 1~8 不重复出现的随机数，分别添加到清单 PuzzleList 中
		调用方法 InitImageSprite 初始化图片动画图片资源，设置图片动画位置

续表

功能	单击"开始"按钮，随机显示前 8 个格子的图片（相当于打乱图片显示顺序），设置最后一个为空格，以便进行相邻拼图图块间的移动空间	
	代码模块	作用说明
事件动作中的代码模块	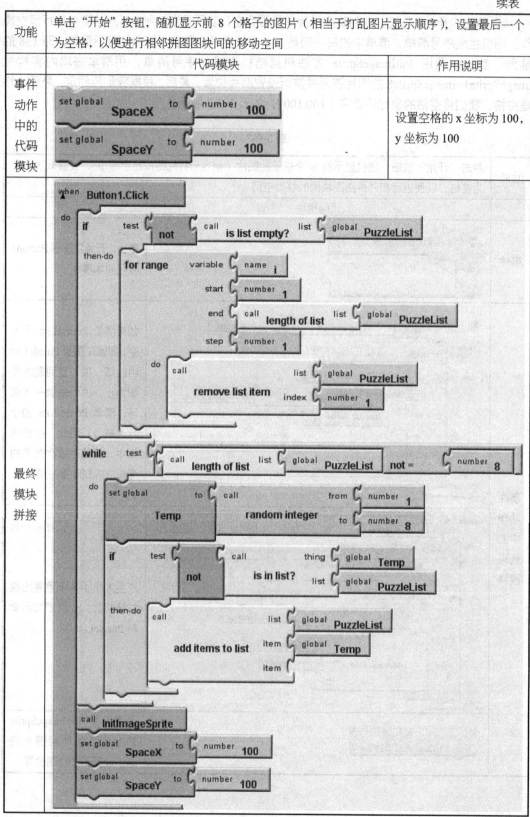	设置空格的 x 坐标为 100，y 坐标为 100
最终模块拼接		

⑤ 由于多处需要计算两点间的距离来判断是否能够移动图块，因此，我们定义一个名为 Distance 的方法来实现计算两点距离，如表 3-9-8 所示。

表 3-9-8

功能	计算两点距离	
	代码模块	作用说明
方法		定义一个计算两点距离的方法 Distance。其中：x1、y1 是第一个点的坐标值，x2、y2 是第二个点的坐标值，返回两点间的距离 Distances
方法中的代码模块		根据公式：两点距离为两点的 x 坐标差的平方与 y 坐标差的平方之和开方，计算变量 Distances 的值
最终模块拼接		

⑥ 触碰某个图块，先判断当前图块与空格的距离是否等于 50，是则允许将图块移动到空格位置，而移动前的图块位置就成了移动后的空格位置，即将被移动图块的坐标与空格坐标进行交换。如果当前图块与空格的距离不等于 50，则不能进行移动，弹出错误提示，如表 3-9-9 所示。

注意：ImageSprite2~ImageSprite8 与 ImageSprite1 的处理类似，只需将相应的图块名、坐标进行修改即可，因此直接给出 ImageSprite2~ImageSprite8 的代码模块。

表 3-9-9

功能	触碰某个图块，向相邻的空白区域移动，新的空格位置将是被移动前的图块位置	
	代码模块	作用说明
事件	when ImageSprite1.Touched x name sx1 / y name sy1 / do	触碰图片动画时呼叫本事件
事件动作中的代码模块	ifelse test call Distance x1 ImageSprite1.X y1 ImageSprite1.Y x2 global SpaceX y2 global SpaceY = number 50 then-do else-do	如果图片动画 ImageSprite1，即第一个拼图模块，与空格的距离等于 50，表示相邻，则执行 then-do 后的代码，否则执行 else-do 后的代码
	set global VarX to ImageSprite1.X / set global VarY to ImageSprite1.Y	图片动画 ImageSprite1 与空格距离等于 50：保存当前拼图图块的位置
	call ImageSprite1.MoveTo x global SpaceX y global SpaceY	图片动画 ImageSprite1 与空格距离等于 50：将动画图片 ImageSprite1 移动到空格位置上
	set global SpaceX to global VarX / set global SpaceY to global VarY	图片动画 ImageSprite1 与空格距离等于 50：将新的空格位置设置为图块移动前的位置
	call Notifier1.ShowAlert notice text 错误!	图片动画 ImageSprite1 与空格距离不等于 50：弹出消息框提示错误

功能	触碰某个图块，向相邻的空白区域移动，新的空格位置将是被移动前的图块位置	
	代码模块	作用说明
最终模块拼接	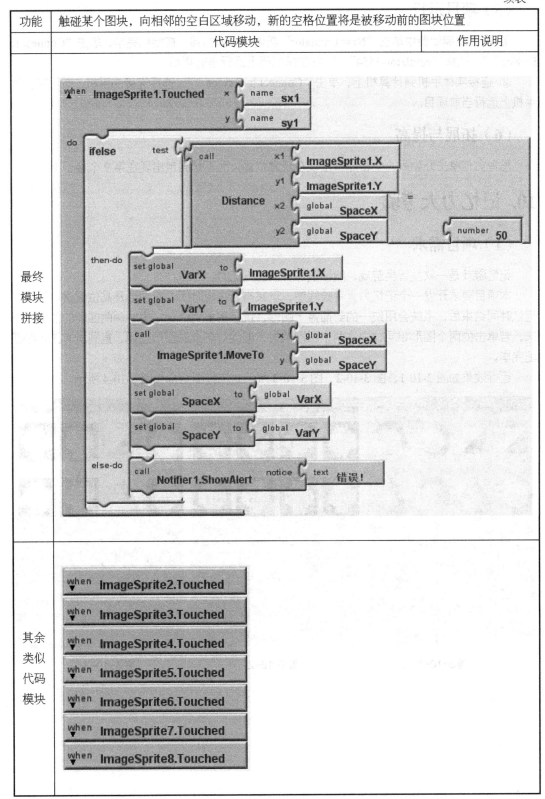	

（5）项目运行

① 在图块编辑器中单击"New Emulator"新建一个模拟器，初始化完毕，单击"Connect to Device…"，选择"emulator-5554"，即可在模拟器上运行当前项目。

② 连接实体手机到计算机上，单击"Connect to Device…"，选择连接的手机，即可在实体手机上运行当前项目。

（6）拓展与提高

思考如何单击开始后，空格随机出现在任意位置，而不是固定出现在第9个格子上。

10. 记忆力大考验

（1）项目需求

记忆游戏是一款益智类游戏，能够锻炼玩家的记忆力。

本项目要求开发一个记忆力大考验程序，玩家需要在短时间内对图形及其位置进行记忆，记忆时间结束后，系统会用统一的封面盖上图形，玩家需要凭借记忆力将两两匹配的图形找出来，若单击的两个图形相同，则这两个图形消失，继续对剩余的图形选择，直到所有图形都匹配完毕。

运行效果如图3-10-1、图3-10-2、图3-10-3所示。流程图结构如图3-10-4所示。

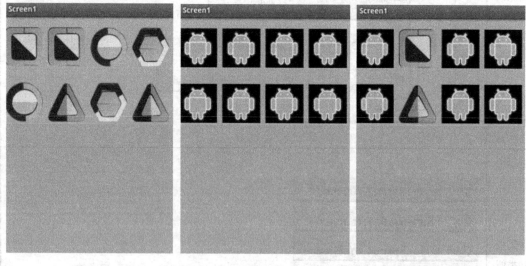

图3-10-1　　　　　　　图3-10-2　　　　　　　图3-10-3

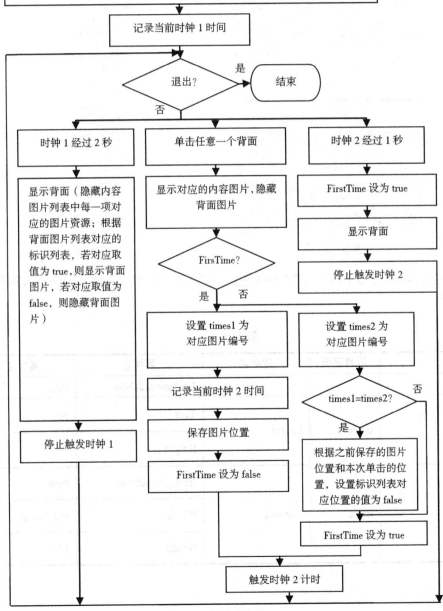

图 3-10-4

（2）项目素材

- 素材路径：光盘/强化实训素材/10。
- 素材资源：back.png（背面）、1.png（图案1）、2.png（图案2）、3.png（图案3）、4.png（图案4）。

（3）项目界面设计

新建项目 Memory。项目设计界面如图 3-10-5 所示。元件结构如图 3-10-6 所示。

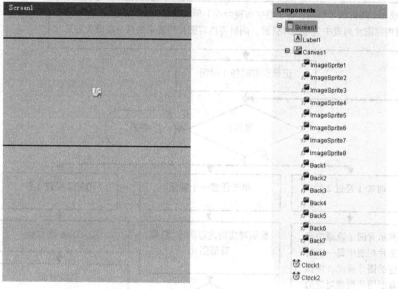

图 3-10-5　　　　　　　　　　图 3-10-6

打开设计器，根据图 3-10-5、图 3-10-6 进行界面布局。项目所需界面元件及属性设置如表 3-10-1 所示。

表 3-10-1

元件	所属面板	重命名	属性名	属性值
Screen1			BackgroundColor	Pink
Label	Basic	Label1	Text	空
			Height	20
Canvas	Basic	Canvas1	BackgroundColor	Pink
			Width	Fill parent
			Height	170

续表

元件	所属面板	重命名	属性名	属性值
ImageSprite（8个）	Animation	分别为 ImageSprite1~8	Visible	取消勾选
			ImageSprite1：X 设为 0	Y 设为 0
			ImageSprite2：X 设为 80	Y 设为 0
			ImageSprite3：X 设为 160	Y 设为 0
			ImageSprite4：X 设为 240	Y 设为 0
			ImageSprite5：X 设为 0	Y 设为 100
			ImageSprite6：X 设为 80	Y 设为 100
			ImageSprite7：X 设为 160	Y 设为 100
			ImageSprite8：X 设为 240	Y 设为 100
			Width	70
			Height	70
ImageSprite（8个）	Animation	分别为 Back1~8	Picture	back.png
			Visible	取消勾选
			Back1：X 设为 0	Y 设为 0
			Back2：X 设为 80	Y 设为 0
			Back 3：X 设为 160	Y 设为 0
			Back 4：X 设为 240	Y 设为 0
			Back 5：X 设为 0	Y 设为 100
			Back 6：X 设为 80	Y 设为 100
			Back 7：X 设为 160	Y 设为 100
			Back 8：X 设为 240	Y 设为 100
			Width	70
			Height	70
Clock	Basic	Clock1	TimerInterval	2000
Clock	Basic	Clokc2	TimerEnabled	取消勾选
			TimerInterval	1000

（4）项目功能实现

打开图块编辑器，进行项目功能实现。

- 属性、事件、方法清单（每个元件属性、事件、方法具体含义请参考随书光盘或网上电子资源），如表 3-10-2 所示。

表 3-10-2

属性、事件、方法模块	所属面板	作用说明
component Back1	My Blocks→Back1	图片动画元件 Back1 的对象引用
set ImageSprite1.Picture to	My Blocks→ImageSprite1	设置图片动画 ImageSprite1 的图片资源
set ImageSprite1.Visible to	My Blocks→ImageSprite1	设置图片动画 ImageSprite1 可见性。true 表示可见，false 表示隐藏
set Clock1.TimerEnabled to	My Blocks→Clock1	设置计时器 Clock1 可用性。true 表示可用，false 表示不可用
when Back1.Touched name x1 name y1 do	My Blocks→Back1	触碰（从开始触碰到停止触碰整个过程）图片动画 Back1 时呼叫本事件。其中，x1 和 y1 是触碰点的坐标
when Clock1.Timer do	My Blocks→Clock1	计时器 Clock1 每隔一段时间就会被触发一次，每次触发时呼叫本事件
when Screen1.Initialize do	My Blocks→Screen1	应用程序一启动运行就同步呼叫本事件，本事件可用来初始化某些数据以及执行一些前置性操作
call Clock1.SystemTime	My Blocks→Clock1	返回 Android 装置内部系统时间，单位为毫秒

- 指令清单（每个指令具体含义请参考随书光盘或网上电子资源），如表 3-10-3 所示。

表 3-10-3

指令模块	所属面板	作用说明
def variable as	Built-In→Definition	定义变量。variable 是变量名，可以通过单击名字进行修改。as 后面可拼接的内容包括字符串、数字、清单、逻辑值等
global variable	My Blocks→My Definitions	取得全局变量 variable 的值。注意，variable 的名字若在定义变量时有修改过，那么这里会同步更新
set global variable to	My Blocks→My Definitions	设置全局变量 variable 的值。注意，variable 的名字若在定义变量时有修改过，那么这里会同步更新

续表

指令模块	所属面板	作用说明
name	视用途而定	有3种用途。 A. 作为定义方法时的参数存在。此时，需要在 Built-In→Definition 中选择此模块，参数个数没有限制，name 是参数名。 B. 作为内置方法的参数存在。此时，调用内置方法时，若此方法有参数，则会自动带有默认名称的参数。 C. 作为指令使用时的变量存在。比如，在使用 foreach 指令时，可以使用 var 来保存每次访问到的数据。此时，指令会自动带有默认名称的变量。 不管哪种情况，都可以通过单击来修改名字
value name	My Blocks→My Definitions	取得自定或内置方法参数的值，或取得指令运行时变量的值。注意，若在定义参数时有修改过名字，那么这里会同步更新
to procedure arg do	Built-In→Definition	方法的定义。procedure 是方法名，可以通过单击名字进行修改。作用是将多个指令集合在一起，以后调用该方法时，被集合在其中的指令会按顺序依次执行
call procedure	My Blocks→My Definitions	方法的调用。注意，procedure 的名字若在定义方法时有修改过，那么这里会同步更新
text text	Built-In→Text	字符串常量，默认值为 text。可以通过单击值来修改
call make text text	Built-In→Text	将所有指定的字符串或数值连接成一个新的字符串
call make a list item	Built-In→Lists	新建一个清单，并自行指定清单元素。若未指定任何元素，则此为一个空清单
call select list item list index	Built-In→Lists	取得清单 list 指定位置 index 的元素内容，清单中第一个元素的位置为1
call replace list item list index replacement	Built-In→Lists	将清单 list 指定位置 index 的元素替换成新的内容 replacement
call length of list list	Built-In→Lists	返回指定清单 list 的长度，即清单元素数目
call add items to list list item	Built-In→Lists	将指定内容 item 添加到清单 list 后面

续表

指令模块	所属面板	作用说明
call is list empty? list	Built-In→Lists	如果清单 list 为空返回 true，否则返回 false
number 123	Built-In→Math	数字常量，默认值为 123。可以通过单击值来修改
=	Built-In→Math	比较两个指定数字。如果相等返回 true，否则返回 false
not =	Built-In→Math	比较两个指定数字。如果不相等返回 true，否则返回 false
>=	Built-In→Math	比较两个指定数字。如果前者大于等于后者返回 true，否则返回 false
<	Built-In→Math	比较两个指定数字。如果前者小于后者返回 true，否则返回 false
+	Built-In→Math	对两个操作数进行求和。可以单击 + 号选择其他可操作的运算符
−	Built-In→Math	对两个操作数进行求差。可以单击 − 号选择其他可操作的运算符
call random integer from to	Built-In→Math	返回一个介于数字 from 到数字 to 之间的随机整数，包含下限（from）和上限（to）。参数由小到大或由大到小不会影响计算结果
true	Built-In→Logic	布尔类型常数的真。用来设置元件的布尔属性值，或用来表示某种状况的变量值
false	Built-In→Logic	布尔类型常数的假。用来设置元件的布尔属性值，或用来表示某种状况的变量值
not	Built-In→Logic	逻辑运算的非。not true 的结果是 false，not false 的结果是 true
if test then-do	Built-In→Control	条件语句，测试指定条件 test，若为 true 则执行 then-do 中的指令，反之则跳过此代码块
ifelse test then-do else-do	Built-In→Control	条件语句，测试指定条件 test，若为 true 则执行 then-do 中的指令，反之则执行 else-do 中的指令
foreach variable do in list	Built-In→Control	逐个访问指定清单（in list）的元素 variable，do 执行的次数取决于清单的长度
while test do	Built-In→Control	测试指定条件 test。若为 true 则重复执行 do 中指令，反之结束循环

- 功能实现。

① 定义全局变量，如表3-10-4所示。

表3-10-4

功能	定义全局变量	
	代码模块	作用说明
定义变量	def ImageList as call make a list item	保存内容图片元件 ImageSprite1~ImageSprite8，形成内容图片清单
	def NumList as call make a list item	保存生成的 8 个随机数（1~4，每个数字出现两次），形成编号清单
	def BackList as call make a list item	保存背面图片元件 Back1~Back8，形成背面图片清单
	def FirstTime as true	标识选择配对图案时是第一次选择还是第二次选择
	def StartTime1 as number 0	保存 Clock1 的开始计时时间
	def StartTime2 as number 0	保存 Clock2 的开始计时时间
	def index as number 0	访问编号清单或标识清单时记录索引
	def count as number 0	在随机生成编号清单时，保存某个随机数在清单中出现的次数
	def Number as number 0	保存随机生成的随机数（1~4）
	def times1 as number 0	保存第一次选择对应的图片编号
	def times2 as number 0	保存第二次选择对应的图片编号
	def imageNum as number 0	保存第一次选择的背面图片（即选择 Back1，则 imageNum 等于 1，选择 Back2，则 imageNum 等于 2，以此类推，其作用为设置标识列表对应项）
	def BackFlag as call make a list item true item true item true item true item true item true item true item true	保存每张背面图片的可见性状态。共 8 项，每项均为 true，对应 BackList 中的每一项，在显示背面图片时，true 表示显示，false 表示不显示

② 由于在随机生成编号清单时，需要判断生成的随机数是否已经在编号清单中出现过两次，因此，我们这里定义一个名为 Count 的方法实现计算某个随机数在清单中出现的次数，若次数小于 2，则返回 true，表示可以往清单添加此随机数，若出现次数大于等于 2，则返回 false，表示该随机数已经出现过两次，不能往清单中添加此随机数，如表 3-10-5 所示。

表 3-10-5

功能	计算某个数在清单中出现的次数	
	代码模块	作用说明
方法	[Count arg name number / do / return global count < number 2]	定义一个计算某个数在清单中出现次数的方法 Count。其中，number 表示要接受测试的数，返回 number 出现的次数是否小于 2 次
方法中的代码模块	[set global count to number 0]	设置变量 count 的值为 0
	[if test not call is list empty? list global NumList / then-do]	判断当前编号清单是否为空，不为空则执行 then-do 后的代码
	[foreach variable name var / do if test value var = value number / then-do set global count to global count + number 1 / in list global NumList]	then-do 后的代码，即清单不空：循环访问编号清单中的每一项，比较是否与要测试的数值相等，是则变量 count 自增加 1，直到访问完毕为止
最终模块拼接	[Count arg name number / do set global count to number 0 / if test not call is list empty? list global NumList / then-do foreach variable name var / do if test value var = value number / then-do set global count to global count + number 1 / in list global NumList / return global count < number 2]	

③ 我们定义一个名为 InitImage 的方法，实现生成编号清单，共 8 项，每项均为 1~4 的任意一个数，且每个数字在清单中出现次数为 2。然后根据生成的编号清单对内容图片清单中的每一项进行赋值，使其设置为对应的图片资源，比如，生成的编号序列为 21324134，那么内容图片列表 ImageList 中第一项 ImageSprite1 的 Picture 设置为 2.png，第二项 ImageSprite2 的 Piture 设置为 1.png，依此类推，同时设置每项内容图片可见，让它显示出来供玩家查看记忆，如表 3-10-6 所示。

表 3-10-6

功能	产生随机编号清单，初始化图片动画图片资源	
	代码模块	作用说明
方法	InitImage (arg) do	定义一个产生随机编号清单，初始化图片资源的方法 InitImage
方法中的代码模块	while test [length of list global NumList not = number 8] do set global Number to call random integer from number 1 to number 4; if test call Count number global Number then-do call add items to list list global NumList item global Number item	产生随机编号清单，清单共 8 项，每项内容只能是数字 1~4，并且每个数字只能出现两次
	set global index to number 1	设置索引变量 index 为 1
	foreach variable name image1 do in list global ImageList	循环访问内容图片清单 ImageList 中的每项 image1，对 image1 执行 do 后的代码
	set component ImageSprite.Picture value image1 to call make text text call select list item list global NumList index global index text .png	do 后的代码：从编号清单中顺序（从索引 index 为 1 开始）取出对应的编号，与 ".png" 连接构成完整的图片名，作为内容图片清单中每项 image1 的图片资源

续表

功能	产生随机编号清单，初始化图片动画图片资源	
	代码模块	作用说明
方法中的代码模块	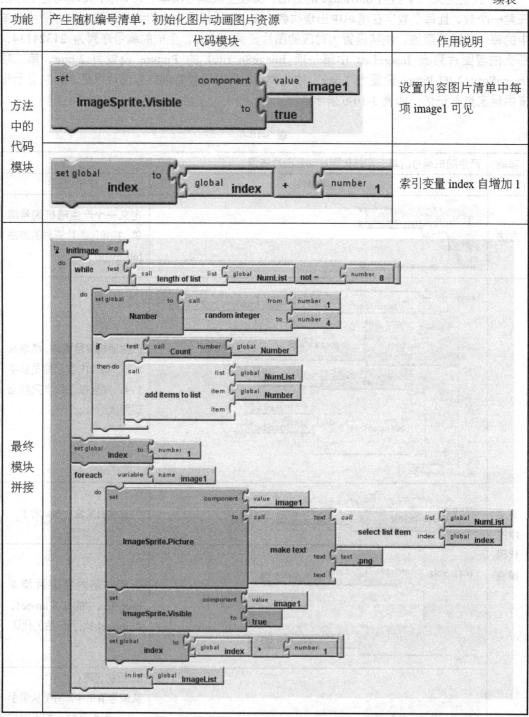	设置内容图片清单中每项 image1 可见
		索引变量 index 自增加 1
最终模块拼接		

④ 程序初始化，初始化内容图片清单、背面图片清单，调用 InitImage 方法初始化编号清单、设置内容图片清单每项图片资源和可见性，记录计时器 Clock1 的起始时间，开始计时，在计时的这段时间里，玩家可以对图案及其位置进行记忆，如表 3-10-7 所示。

表 3-10-7

功能	程序初始化，显示随机出现的两两配对图片，停留片刻，让玩家记忆	
	代码模块	作用说明
事件	when Screen1.Initialize do	程序初始化时呼叫本事件
事件动作中的代码模块	set global BackList to call make a list （item component Back1 ... item component Back8）	创建由背面图片动画对象组成的清单
	set global ImageList to call make a list （item component ImageSprite1 ... item component ImageSprite8）	创建由内容图片动画对象组成的清单
	call InitImage	调用 InitImage 方法产生随机编号清单，初始化图片动画图片资源
	set global StartTime1 to call Clock1.SystemTime	设置变量 StartTime1 的起始时间为当前系统时间

续表

功能	程序初始化，显示随机出现的两两配对图片，停留片刻，让玩家记忆	
	代码模块	作用说明
最终模块拼接	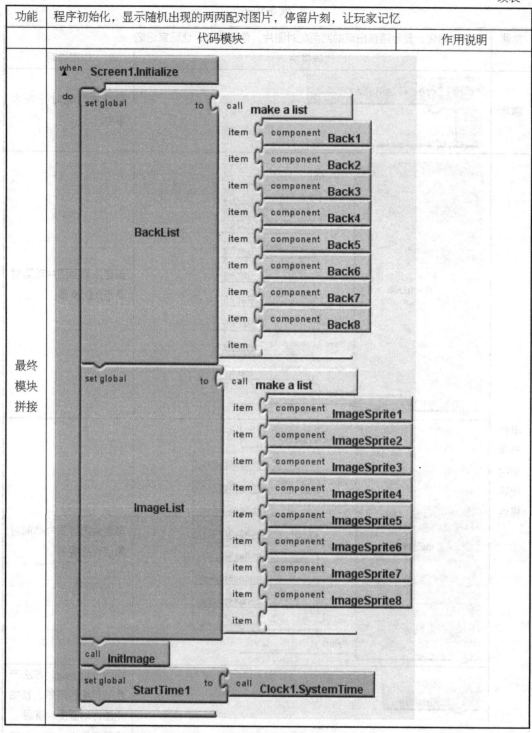	

⑤ 由于在多处需要显示背面图片，因此我们定义一个名为 ShowBack 的方法来实现显示背面图片。先隐藏所有内容图片，然后根据标识清单 BackFlag，设置背面图片对应的可见性，BackFlag 的每一项与 BackList 的每一项相对应，BackFlag 中第一项为 true，那么就设置 BackList

第一项可见性为 true，依此类推。我们可以在选中相同的两个图案后，修改标识清单 BackFlag 的对应值，那么在调用 ShowBack 显示背面图片时，则被修改的背面图片可见性将发生变化，如表 3-10-8 所示。

表 3-10-8

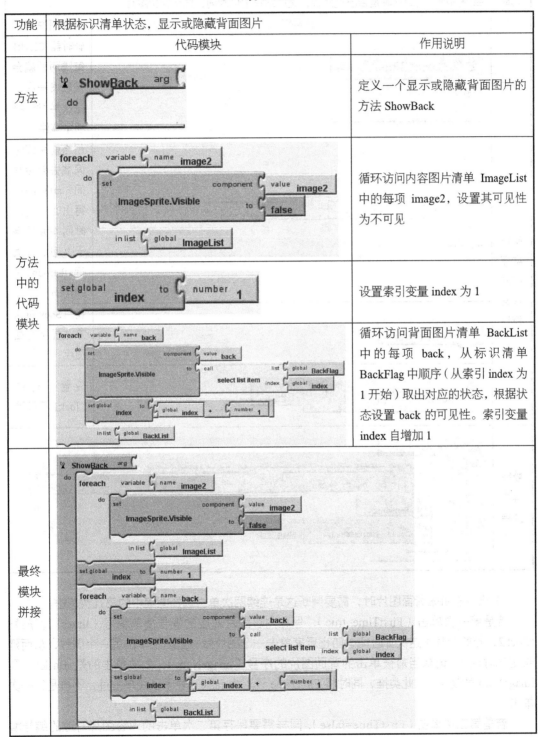

⑥ 计时器 Clock1 每隔两秒判断计时是否已经大于等于 2 秒，若是，则记忆时间结束，调用 ShowBack 方法显示背面图片并停止触发 Clock1，如表 3-10-9 所示。

表 3-10-9

功能	每隔两秒，判断计时是否超过两秒，是则结束记忆时间，显示背面图片	
	代码模块	作用说明
事件	when Clock1.Timer do	计时器 Clock1 每隔两秒就会被触发一次，每次触发时呼叫本事件
事件动作中的代码模块	if test call Clock1.SystemTime − global StartTime1 ≥ number 2000 then-do	用当前系统时间减去起始时间 StartTime1，得出时间差，时间差大于等于 2 秒，则执行 then-do 后的代码
	call ShowBack	调用 ShowBack 方法显示背面图片
	set Clock1.TimerEnabled to false	设置计时器 Clock1 不可用
最终模块拼接	when Clock1.Timer do if test call Clock1.SystemTime − global StartTime1 ≥ number 2000 then-do call ShowBack set Clock1.TimerEnabled to false	

⑦ 当单击每张背面图片时，需要判断这是连续两次单击选择图案中的第几次单击。

若是第一次单击（FirstTime=true），保存内容图片对应的编号清单编号（times1），触发 Clock2，开始计时（这次计时能够防止玩家单击一个图片后，迟迟不单击另一个图片，从而延长记忆时间），记录当前被单击的背面图片的序号（imageNum），如被单击的是 Back1，则 imageNum 就是 1，依此类推，同时将 FirstTime 设置为 false，表示已经单击过，不再是第一次单击。

若是第二次单击（FirstTime=false），同样需要保存第二次单击的内容图片对应的编号清单编号（times2），然后比较 times1 与 times2 是否相等，是则表示连续选中的两张图片图案一样，此时，需要将标识清单 BackFlag 中对应的 true 修改成 false，使得对应的背面图片不再显示，让玩家在剩下的背面图片上继续选择，即在 BackFlag 中将索引号等于 imageNum 的内容改成 false，另外，还要将索引等于本次单击的背面序号（如单击 Back3，序号为 3）的内容改成 false，使相同的两张图片在下次显示背面时同时不可见，另外，还要记得 FirstTime 设置为 true，以便判断下一轮的连续两次选择。

不管是第几次单击，最后都需要触发 Clock2 以便计时。具体地，在第一次单击时进行计时，能够防止玩家迟迟不单击第二张图片，容易作弊，在第二次单击时进行计时，使得不管是否选中相同图案，都在一定时间后重新显示背面图片，以便下一轮的选择。

在单击背面图片时，都需要进行类似的判断，不同的只是被单击的背面图片序号，因此我们定义一个名为 ClickBack 方法实现判断后的动作，此方法需要一个名为 no，即被单击的背面图片序号的变量作为形参，如表 3-10-10 所示。

表 3-10-10

功能	单击背面图片，判断本轮中的第几次单击，执行对应动作	
	代码模块	作用说明
方法	ClickBack arg name no / arg / do	定义一个单击背景图片时执行判断处理的方法 ClickBack。其中需要接受一个名为 no 的参数，用于保存被单击的背面图片序号
方法中的代码模块	ifelse test global FirstTime / then-do / else-do	如果 FirstTime 是 true，表示本轮中的第一次单击，则执行 then-do 后的代码，否则执行 else-do 后的代码
	set global times1 to call select list item list global NumList index value no	then-do 后的代码：取得编号清单中对应索引为 no 的编号，保存到 times1 中，即 times1 为第一次选择的编号
	set global StartTime2 to call Clock2.SystemTime	then-do 后的代码：设置变量 StartTime2 为当前系统时间

续表

功能	单击背面图片，判断本轮中的第几次单击，执行对应动作	
	代码模块	作用说明
	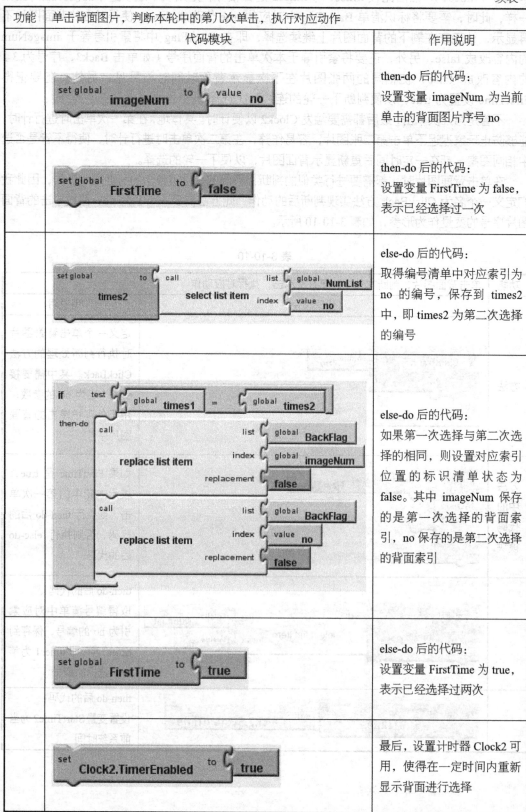	then-do 后的代码：设置变量 imageNum 为当前单击的背面图片序号 no
		then-do 后的代码：设置变量 FirstTime 为 false，表示已经选择过一次
		else-do 后的代码：取得编号清单中对应索引为 no 的编号，保存到 times2 中，即 times2 为第二次选择的编号
		else-do 后的代码：如果第一次选择与第二次选择的相同，则设置对应索引位置的标识清单状态为 false。其中 imageNum 保存的是第一次选择的背面索引，no 保存的是第二次选择的背面索引
		else-do 后的代码：设置变量 FirstTime 为 true，表示已经选择过两次
		最后，设置计时器 Clock2 可用，使得在一定时间内重新显示背面进行选择

续表

功能	单击背面图片,判断本轮中的第几次单击,执行对应动作	
	代码模块	作用说明
最终模块拼接	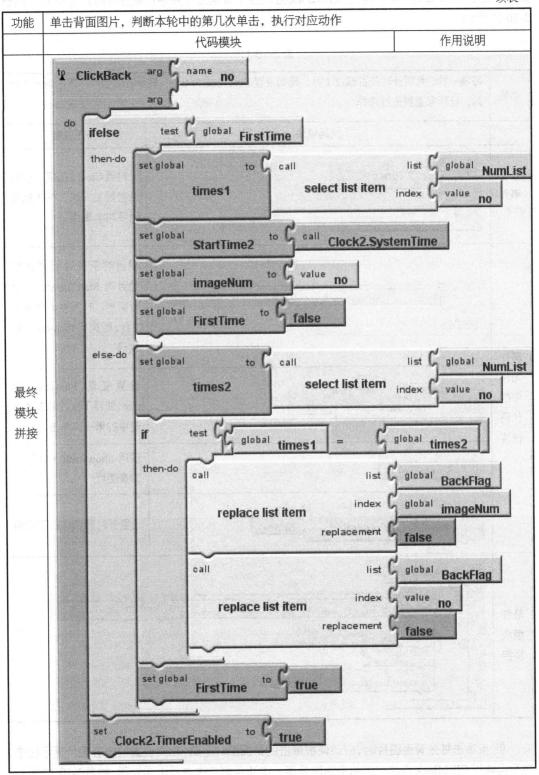	

⑧ 计时器 Clock2 每隔一秒,判断计时是否已经大于等于 1 秒,若是,则此轮点选时间结

束，保证 FirstTime 为 true，调用 ShowBack 方法显示背面图片并停止触发计时器 Clock2，如表 3-10-11 所示。

表 3-10-11

功能	每隔一秒，判断计时是否超过 1 秒，是则设置 FirstTime 为 true，显示背面图片，停止触发计时器，让玩家重新进行选择	
	代码模块	作用说明
事件	when Clock2.Timer do	计时器 Clock2 每隔一秒就会被触发一次，每次触发时呼叫本事件
事件动作中的代码模块	if test　call Clock2.SystemTime − global StartTime2 ≥ number 1000　then-do	用当前系统时间减去起始时间 StartTime2，得出时间差，时间差大于等于 1 秒，则执行 then-do 后的代码
	set global FirstTime to true	设置变量 FirstTime 为 true，使得下次的单击是下轮中的第一次单击
	call ShowBack	调用 ShowBack 方法显示背景图片
	set Clock2.TimerEnabled to false	设置计时器 Clock1 不可用
最终模块拼接	when Clock2.Timer do　if test　call Clock2.SystemTime − global StartTime2 ≥ number 1000　then-do　set global FirstTime to true　call ShowBack　set Clock2.TimerEnabled to false	

⑨ 当单击每张背面图片时，应该使被单击的背面图片隐藏，相同位置的内容图片显示出来，然后再调用 ClickBack 方法根据单击顺序是第一次还是第二次进行不同处理，如表 3-10-12 所示。

注意：Back2~Back8 的触碰动作处理与 Back1 类似，因此，这里只给出 Back1 的操作，读者自行完成其余 7 个图片动画的触碰动作处理。

表 3-10-12

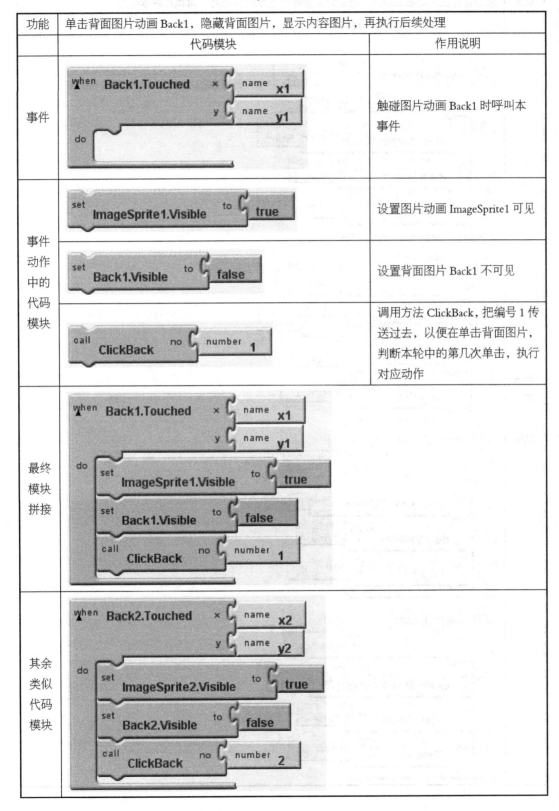

续表

功能	单击背面图片动画 Back1，隐藏背面图片，显示内容图片，再执行后续处理	
	代码模块	作用说明
其余类似代码模块	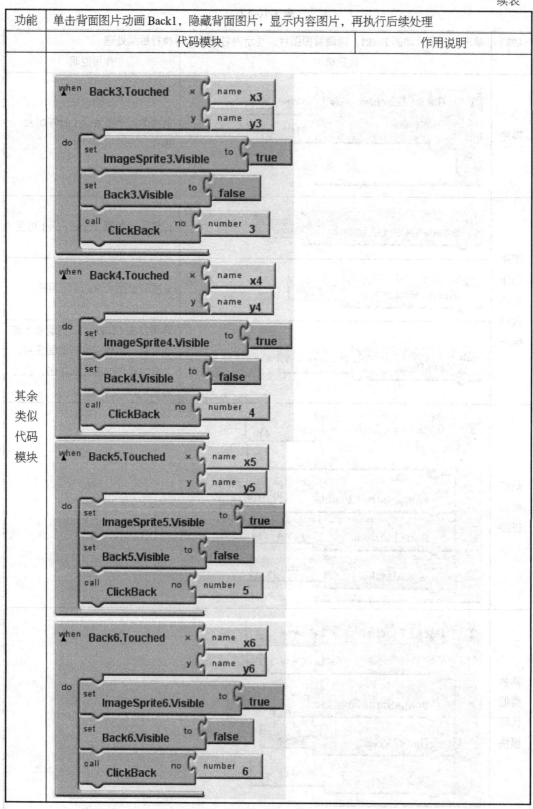	

功能	单击背面图片动画 Back1，隐藏背面图片，显示内容图片，再执行后续处理	
	代码模块	作用说明
其余类似代码模块	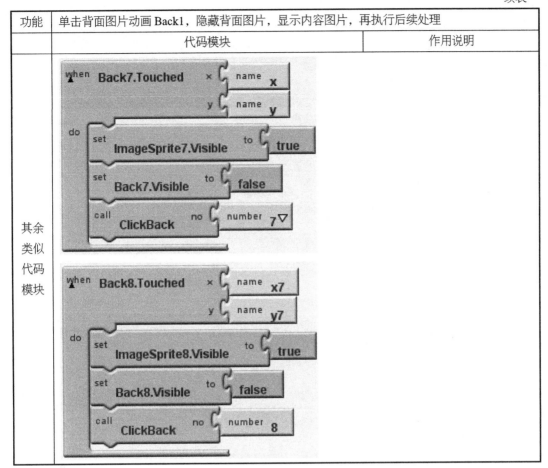	

（5）项目运行

① 在图块编辑器中单击"New Emulator"新建一个模拟器，初始化完毕，单击"Connect to Device…"，选择"emulator-5554"，即可在模拟器上运行当前项目。

② 连接实体手机到计算机上，单击"Connect to Device…"，选择连接的手机，即可在实体手机上运行当前项目。

（6）拓展与提高

思考如何增加重新开始按钮，单击能重新开始游戏。